"十四五"职业教育国家规划教材

"十三五"职业教育国家规划教材

"十三五"高端数控技术高技能应用型人才培养系列精品教材

顾问 李培根 邵新宇 陈吉红

五轴联动加工中心操作与基础编程

主　编　詹华西　江　洁　刘怀兰

副主编　肖　明　孙海亮　金　磊

参　编　杨冰峰　杨　进　刘尊红

主　审　宋放之　熊清平　杨建中

U0240838

机械工业出版社

本书根据职业院校多轴数控加工 1+X 证书人才培养要求而编写，全书共分六章，内容包括五轴加工技术的基础认知、五轴联动加工中心认知及基础操作、五轴加工基础编程认知、VERICUT 五轴加工仿真与检查技术认知、箱体零件五轴加工工作案例、含叶轮特征零件的五轴加工工作案例。本书在介绍五轴加工相关技术的基础上，主要针对双摆台五轴联动加工中心，结合 HNC-848 多轴数控系统的编程规则、五轴 CAM 编程技术应用而编写。本书立体化配套齐全，配有网络课程资源，具体包括：PPT 课件、微课视频、题库和作业练习等。

本书可用作高职高专院校数控技术专业教材，以及装备制造类机械设计与制造专业选修课教材。

图书在版编目（CIP）数据

五轴联动加工中心操作与基础编程/詹华西，江洁，刘怀兰主编. —北京：机械工业出版社，2018.6（2025.2 重印）
"十三五"高端数控技术高技能应用型人才培养系列精品教材
ISBN 978-7-111-60082-4

Ⅰ.①五… Ⅱ.①詹… ②江… ③刘… Ⅲ.①数控机床加工中心-操作-教材②数控机床加工中心-程序设计-教材 Ⅳ.①TG659

中国版本图书馆 CIP 数据核字（2018）第 113125 号

机械工业出版社（北京市百万庄大街 22 号 邮政编码 100037）
策划编辑：王晓洁 责任编辑：王晓洁 张丹丹
责任校对：陈 越 责任印制：单爱军
北京虎彩文化传播有限公司印刷
2025 年 2 月第 1 版第 9 次印刷
184mm×260mm · 12 印张 · 281 千字
标准书号：ISBN 978-7-111-60082-4
定价：43.00 元

电话服务　　　　　　　　网络服务
客服电话：010-88361066　机 工 官 网：www.cmpbook.com
　　　　　010-88379833　机 工 官 博：weibo.com/cmp1952
　　　　　010-68326294　金 书 网：www.golden-book.com
封底无防伪标均为盗版　机工教育服务网：www.cmpedu.com

关于"十四五"职业教育
国家规划教材的出版说明

为贯彻落实《中共中央关于认真学习宣传贯彻党的二十大精神的决定》《习近平新时代中国特色社会主义思想进课程教材指南》《职业院校教材管理办法》等文件精神，机械工业出版社与教材编写团队一道，认真执行思政内容进教材、进课堂、进头脑要求，尊重教育规律，遵循学科特点，对教材内容进行了更新，着力落实以下要求：

1. 提升教材铸魂育人功能，培育、践行社会主义核心价值观，教育引导学生树立共产主义远大理想和中国特色社会主义共同理想，坚定"四个自信"，厚植爱国主义情怀，把爱国情、强国志、报国行自觉融入建设社会主义现代化强国、实现中华民族伟大复兴的奋斗之中。同时，弘扬中华优秀传统文化，深入开展宪法法治教育。

2. 注重科学思维方法训练和科学伦理教育，培养学生探索未知、追求真理、勇攀科学高峰的责任感和使命感；强化学生工程伦理教育，培养学生精益求精的大国工匠精神，激发学生科技报国的家国情怀和使命担当。加快构建中国特色哲学社会科学学科体系、学术体系、话语体系。帮助学生了解相关专业和行业领域的国家战略、法律法规和相关政策，引导学生深入社会实践、关注现实问题，培育学生经世济民、诚信服务、德法兼修的职业素养。

3. 教育引导学生深刻理解并自觉实践各行业的职业精神、职业规范，增强职业责任感，培养遵纪守法、爱岗敬业、无私奉献、诚实守信、公道办事、开拓创新的职业品格和行为习惯。

在此基础上，及时更新教材知识内容，体现产业发展的新技术、新工艺、新规范、新标准。加强教材数字化建设，丰富配套资源，形成可听、可视、可练、可互动的融媒体教材。

教材建设需要各方的共同努力，也欢迎相关教材使用院校的师生及时反馈意见和建议，我们将认真组织力量进行研究，在后续重印及再版时吸纳改进，不断推动高质量教材出版。

机械工业出版社

"十三五"高端数控技术高技能应用型人才培养系列精品教材编委会

"十三五"高端数控技术高技能应用型人才培养系列精品教材指导委员会

序

　　数控机床是制造业的"工作母机"，而以五轴联动数控系统为代表的高性能数控系统则是机床装备的"大脑"，是我国发展高端制造装备的基础，代表了国家制造业的核心竞争力。

　　五轴联动数控机床是整体叶轮、叶片、螺旋桨、环面凸轮、汽轮机转子、大型柴油机曲轴等零件的唯一加工手段。五轴联动数控机床对一个国家的航空、航天、军事、科研、精密器械、高精医疗设备等行业，有着举足轻重的影响。目前，我国使用的五轴联动机床绝大部分从国外进口，并且受到国外厂家的监控。

　　随着我国装备制造业向数控化、智能化方向发展，高端的五轴数控机床将越来越"平民化"，其应用领域不再主要是航空、航天等国防军工领域，而在新能源汽车、模具、医疗等领域的使用也越来越多。例如，仅新能源汽车涡轮增压器叶轮铣削加工方面，2015年全球市场就达60亿元人民币。

　　近几年来，我国制造业面临产业升级及产业结构调整的压力，高端数控加工技术，特别是四轴、五轴联动数控加工技术迅猛发展，相应的技术人才日趋紧张。据上海人才中心统计，高端数控加工技术人员的收入超过普通数控操作工收入的2倍，部分企业五轴数控铣工的平均月工资达6000元，供需比达到1：20，许多企业甚至开出30万元的年薪招聘五轴数控技术人才。教育部、人力资源和社会保障部、工业和信息化部于2016年12月联合发布的《制造业人才发展规划指南》预测，在高档数控机床和机器人领域，2020年人才缺口300万，2025年人才缺口450万。这进一步说明，我国五轴数控技术人才的缺口很大。国以才立，业以才兴，纵观世界工业发展史，但凡工业强国，都拥有大量技能人才。实现从"中国制造"到"中国智造"的跨越，高级技能人才不可或缺。

　　目前，普通高校及职业院校有关数控技术及数控加工的教学及实训课程中较少涉及五轴联动的内容，缺乏相应的教材，这已严重影响了我国对国产五轴数控设备的研制和应用。在此背景下，武汉华中数控股份有限公司（简称"华中数控"）与专业出版社合作，组织五轴数控加工领域的数十位企业专家和教学专家，进行了多次调研和研讨，探讨研发五轴数控高职人才培养方案和高职五轴数控专业建设标准、课程建设标准，完成了五轴应用编程等方面的实际加工测试，并在此基础上完成了本套教材的开发与编写。

　　本套教材具有以下鲜明的特点。

　　原创性强。目前，我国中、高职院校缺少五轴数控技术相关专业的整套教学用书。本套教材覆盖面广，首创性强，可以有效支持职业院校数控专业的转型升级。

　　配套齐全。本套教材有较强的教学实践基础，华中数控成立以来就把教育教学当作重要的业务板块和社会责任，先后举办了数十场师资培训和骨干师资培训班，以及教育部、行业和省等各种级别的五轴数控大赛，并为五轴数控加工技术相关课程开发了在线平台和教学资源库，以提供五轴数控教学的重难点讲解微课和 PPT、动画、案例等素材。

实践性强。本套教材实践性强、涵盖面广，囊括五轴加工过程中的基础操作与编程、加工工艺与实训等。本套教材深刻落实理实一体化教学理念，把导、学、教、做、评等环节有机地结合在一起，以"弱化理论、强化实操"和"实用、够用"为目的，强化对学生实操能力的培养，让学生在"做中学、学中做"，符合当前职业教育改革与发展的精神和要求。

最后，参与本套教材开发的有院校教师、行业与企业专家、企业第一线应用技术人员，他们有着丰富的五轴数控技术实践经验和教学培训经验。我坚信，在众多有识之士的努力下，本套教材的功效一定会得以彰显，为我国五轴数控机床的人才培养贡献力量。

"长江学者奖励计划"特聘教授
华中科技大学常务副校长
华中科技大学教授、博导

前　言

近年来，随着多轴数控机床的应用越来越广泛，对多轴数控人才的需求也越来越大。为了满足多轴数控加工 1+X 证书人才培养的需要，武汉华中数控股份有限公司组织多轴数控加工领域的企业和教学专家编写了本书。

本书针对已具备数控车铣加工专业知识和技能的学习者，从五轴加工基础编程规则着手，通过介绍使用 CAM 软件实施五轴加工的刀路设计、NC 程序输出及其仿真验证、五轴联动加工中心的操作等知识，以及零件多轴综合加工工作案例，指导学习者学习五轴加工相关应用技术。

全书共分六个项目：项目一为五轴加工技术的基础认知，主要介绍各类五轴机床及其加工工艺基础；项目二为五轴联动加工中心认知及基础操作，主要介绍 JT-GL8-V 五轴联动加工中心的软硬件结构及基本操作方法；项目三为五轴加工基础编程认知，主要介绍五轴手工编程及 CAM 编程技术；项目四为 VERICUT 五轴加工仿真技术认知，主要介绍 VERICUT 多轴加工仿真软件的功能及基本用法；项目五、六为零件五轴加工的工作案例，通过涵盖五轴定向、线廓及曲面等多种五轴加工方法的综合加工实例，介绍从 CAM 编程及 NC 输出、仿真检查到机床操作加工实践的具体工作过程。

为进一步优化思政元素，更好地培养学生的爱国主义精神、职业道德和工匠精神，全书增加了 8 个"阅读学习材料"，其内容涉及先进技术、工匠事迹等内容。面向多轴 1+X 证书中高级考核要求，使教材内容与实际更加贴近，增加了"座体零件加工"的案例，丰富相关的配套资源，本书也配套制作了 20 个 PPt 课件。以上相关资源均可在"机工教材服务网"（http://www.cmpedu.com）下载。

本书由詹华西、江洁、刘怀兰任主编并负责统稿。江洁编写了项目一单元一、二和项目三单元一、二，刘怀兰、金磊编写了项目一单元三、四，孙海亮、肖明编写了项目二单元一至三，杨进、杨冰峰编写了项目三单元三、四和项目六单元一、二，刘尊红编写了项目五单元一、二和单元六，詹华西编写了项目二单元四、五、项目四、项目五单元三至五、项目六单元三、四。

限于作者的水平和经验，书中难免存在一些错误，恳请读者批评指正。

编　者

目　录

项目一

五轴加工技术的基本认知

单元一　认知五轴机床及加工对象

一、五轴机床的结构模式与类别

1. 五轴机床的坐标系统

五轴联动加工中的五轴是指机床能控制的运动坐标轴数为五个，联动是指数控系统可以按照特定的轨迹关系同时控制五个坐标轴的运动，从而可实现刀具相对于工件的位置和速度控制。

根据数控机床坐标系统的设定原则，通常数控机床的基本控制轴 X、Y、Z 为直线运动，绕 X、Y、Z 旋转运动的控制轴则分别为 A、B、C，X、Y、Z 线性轴的正负

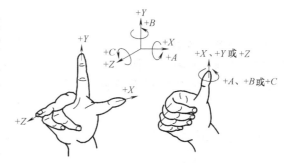

图 1-1-1　数控机床的坐标系统

方向关系按右手笛卡儿直角坐标系原则确定，而 A、B、C 旋转轴与对应线性轴 X、Y、Z 的正负方向关系遵循右手螺旋定则，如图 1-1-1 所示。若在基本的直角坐标轴 X、Y、Z 之外，还有其他轴线平行于 X、Y、Z，则附加的直角坐标系指定为 U、V、W 或 P、Q、R。一般地，由三个基本直线运动轴 X、Y、Z 和 A、B、C 三个旋转轴中的任意两个联动即可构成五轴联动，其组合实现的方式多种多样。

2. 五轴机床的主要结构类型

五轴机床有三个直线运动坐标轴 X、Y、Z 和两个旋转运动坐标轴，且五个轴可以联动，其旋转轴的组合及其控制实现方式可有很多种运动配置方案。但根据五坐标联动机床中两个旋转轴与主轴或工作台固连的形式，可以归为三大基本结构类型，即刀具双摆动（双摆头）、工作台双回转（双摆台）、刀具摆动与工作台回转（摆头+摆台）。对五轴机床而言，通常称运动中轴线方向不变的旋转轴为定轴，反之称为动轴。按两个旋转轴轴线在空间上的交错方式不同又有正交形式和非正交形式，而且还有直交和偏交的区分。不同的配置形式，其编程坐标数据的计算方法也就不同。

（1）双摆头式（Dual Rotary Heads）　主轴头摆转控制，工作台做水平运动。这种结构类型是指两个旋转轴都作用于刀具上，刀具绕两个互相正交或非正交的轴转动，以使刀具能

指向空间任意方向。由于运动是顺序传递的，因而在两个旋转轴中，有一个的轴线方向在运动过程中始终不变，称为定轴，如图 1-1-2a 所示的 *C* 轴和图 1-1-2b 所示的 *B* 轴；而另一个的轴线方向则是随着定轴的运动而变化的，称为动轴，如图 1-1-2a 所示的 *A* 轴和图 1-1-2b 所示的 *C* 轴。按从定轴到动轴顺序，机床分别为 *C+A*、*B+C* 的五轴配置。

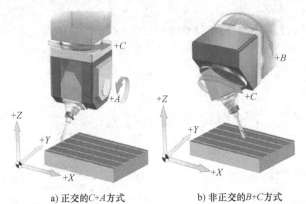

a) 正交的*C+A*方式　　　　　b) 非正交的*B+C*方式　　　　　c) 双摆头机床实例

图 1-1-2　双摆头式五轴机床

（2）双摆台式（Dual Rotary Tables）　这种结构类型是指两个旋转轴都作用于工作台上，刀具主轴做垂直升降运动或 *X/Y/Z* 龙门式十字移动。按照定轴与动轴结构配置形式，有 *C+A*、*A+C*、*B+C* 等方式，俗称摇篮式。图 1-1-3a、b 所示分别为 *A+C*、*B+C* 双摆台结构形式。

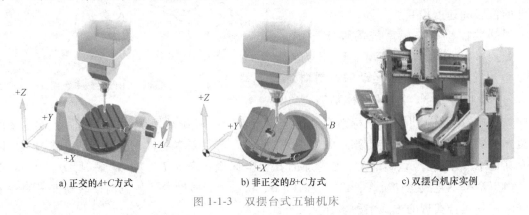

a) 正交的*A+C*方式　　　　　b) 非正交的*B+C*方式　　　　　c) 双摆台机床实例

图 1-1-3　双摆台式五轴机床

（3）摆头+摆台式（Rotary Head and Table）　主轴摆转+单一摆台或附加旋转轴。这种结构类型是指刀具与工件各具有一个旋转运动轴，这种结构不是定、动轴结构，而是两个旋转轴在空间的方向都是固定的。对于两个旋转轴的配置情况，一般按先工件后刀具的顺序进行分类。图 1-1-4a、b 所示分别为 *C+B*、*C+A* 实现方式。

（4）3+2附加双摆台式　在三轴数控机床工作台面上添加一个数控双轴分度盘附件（见图 1-1-5），即可进行五轴控制，卸下附件即为传统三轴数控加工机床。

二、五轴联动加工的特点

与三轴联动加工相比，五轴联动加工具有如下特点：

1）对于复杂型面零件，仅需少量次数的装夹定位即可完成全部或大部分加工，从而节

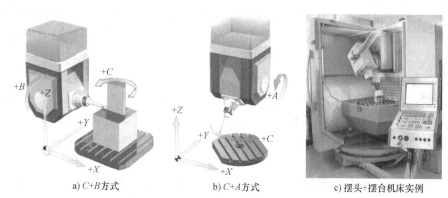

a) C+B方式   b) C+A方式   c) 摆头+摆台机床实例

图 1-1-4 摆头+摆台式五轴机床

省大量的时间。

2）由于五轴机床的刀轴或工件可以相对方便地进行姿态角的调整，所以能加工更加复杂的零件。

3）由于刀轴或工件的姿态角可调，能实施干涉碰撞的避让控制，避免过切和欠切的现象发生，且便于实现切削接触点的灵活控制，增大接触点的线速度或使切削由点接触变为线接触，从而改善切削效率和加工表面质量，如图 1-1-6 所示。

图 1-1-5 数控双轴分度盘附件

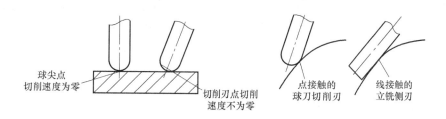

球尖点切削速度为零   切削刃点切削速度不为零   点接触的球刀切削刃   线接触的立铣侧刃

图 1-1-6 多轴加工时切削点的变化

4）五轴联动加工可简化刀具形状，降低刀具成本。通过多轴空间运行，可以使用更短的刀具进行更精确的加工，使刀具的刚性、切削速度、进给速度得以大大提高。

5）五轴联动加工可使夹具结构更简单，能实现端刃切削到侧刃切削的灵活变化，使一些复杂型面加工能转化为二维平面的加工，灵活的刀轴控制使得斜面或斜面上孔的加工编程和操作更为简单方便。

但多轴加工编程较复杂，大多需要借助 CAM 软件自动编制程序，其后置处理比三轴联动加工更复杂，且多轴加工的工艺顺序与三轴联动加工有较大的差异。

三、五轴机床对零件加工的适应性

1. 不同五轴模式机床的特点

工作台回转控制方式（摆台式）：结构简单，主轴刚性好，制造成本较低，同样行程下，加工效率比摆头式高，刀具长度对理论加工精度不会产生影响；但工作台不能设计得太大，承重较小，特别是工作台回转过大时，由于需克服自重，因此工件切削时会对工作台带来较大的承载力矩。

主轴摆转控制方式（摆头式）：主轴前端为一个回转头，主轴加工比较灵活，可活动范围较大，工作台也可设计得非常大，但主轴头的摆转结构比较复杂，理论加工精度会随刀具长度的增加而降低；由于主轴需要摆动，不可设计得太大，因而主轴刚性较差，制造成本也较高，但对于大型、重型零件等无法实现工作台摆动的零件，只能采用摆头式控制方式。

2. 适合五轴联动加工的典型零件

图 1-1-7 所示的大型模具零件、多面体零件、叶轮、螺旋桨等为五轴联动加工典型零件。其中，大型模具零件的模腔曲面使用双摆头五轴联动加工方式时，具有较好的动作控制灵活性，若采用摆台式，就会因主轴与摆台的干涉而限制其允许的加工范围；对于图 1-1-7 所示多面体零件而言，若为大中型件，应选用较大工作台面的机床，以确保可靠平稳装夹，用双摆台五轴联动加工方式较适宜，在行程范围许可时，也可采用立卧转换 A+B 双摆头五轴联动加工方式，采用摆头+回转台 A+C 五轴联动加工方式则容易受干涉问题的制约；对于叶轮、螺旋桨类零件，大中型件宜用双摆头或双摆台式五轴联动加工方式，也可用摆头+摆台五轴联动加工方式，小型件可使用 3+2 附加双摆台五轴联动加工方式。

a) 大型模具零件　　b) 多面体零件　　c) 叶轮　　d) 螺旋桨

图 1-1-7　五轴联动加工的典型零件

单元二　认知五轴加工的工艺方法

一、五轴加工的夹具及装夹方法

如前所述，五轴联动加工的特点之一就是可简化工件装夹用夹具结构，便于使用通用夹具及其装夹方法。

如图 1-2-1 所示，大工作台面的摆头式或摆台式五轴联动加工中心，其工件的装夹方式基本与三轴数控机床相同，通常采用通用压板螺钉或精密台虎钳装夹方式，但由于五轴联动加工时刀具或工件的摆转较复杂，必须充分考虑进给路线，所用夹压元件应紧凑安排，相比于三轴联动加工方式而言，其加工区附近应留出更多的空间，以防摆转时进给干涉。

对于 3+2 附加双摆台式五轴联动加工中心，由于安装可倾斜式双摆台后，受摆台自身高度的影响，其可用于加工的 Z 轴行程变小了，因此，大多采用图 1-2-2 所示的中小自定心卡盘及单动卡盘，可加工的零件也多为中小型。工件装夹既要考虑双轴数控分度盘的允许安装空间，也要考虑进给时的摆转空间。加工前有必要按程序要求的最大摆转角度试运行，以检查干涉的可能性。

a) 压板螺钉装夹

b) 精密台虎钳装夹

图 1-2-1　通用压板螺钉或精密台虎钳装夹

a) 自定心卡盘

b) 单动卡盘

图 1-2-2　五轴联动加工常用自定心卡盘及单动卡盘

图 1-2-3 所示为摆头+摆台式五轴联动加工中心，其摆台部分大多为独立的旋转工作台，常用于较大型零件（如箱体类零件）的分度加工或联动加工，主轴摆头用于立卧转换，易于实现零件的五面加工，此时将工件对称中心放置在摆台回转中心处，编程控制简单方便。大型件多面加工时，摆台可作为分度盘使用，加工面正对主轴后即可进行该面各特征的加工，加工完一面后再分度，使另一加工面正对主轴。对于小型零件，若仍以工件对称中心与摆台中心重合进行装夹，摆转到卧式时则要求刀具必须有足够的悬伸长度，因而降低了刀具的刚性，使切削加工处于不理想的状态。因此，小型零件通常偏装在台面转角处，一次装夹

a) 卧式摆台、压板螺钉装夹

b) 卧式摆台、托盘夹具

图 1-2-3　摆头+摆台式五轴联动加工中心

可实现相邻两表面的加工，而相对的另两侧面则必须重新装夹后再加工。多面分度加工时，采用各加工面独立构建坐标系的方法，便于各自独立实施对刀找正操作，而回转联动加工时，工件坐标原点通常设在转台中心处，工件装夹定位时也应按此要求装调。

图 1-2-4 所示的组合可调式夹具在五轴联动加工中也越来越广泛地得到应用。利用矩形或圆形基础板上有规则地均匀密布的螺孔，再任意选配可调机用虎钳、自定心卡盘或各类标准接头配件，可针对不同大小和类别零件装夹的需要灵活地组合和调整。不仅夹具组件在基础板上具有相对明确的位置，而且形状规则的基础板在机床工作台上也能方便地安装，能使零件相对机床的对刀找正变得非常便捷。

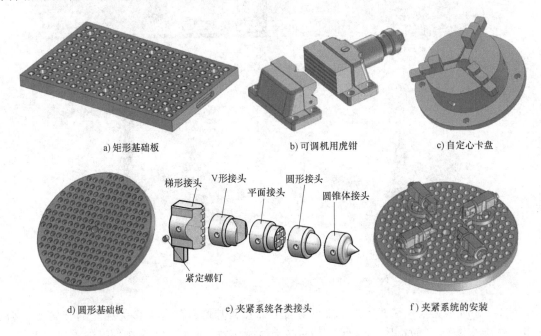

a) 矩形基础板　　　　　　　　b) 可调机用虎钳　　　　　　　　c) 自定心卡盘

d) 圆形基础板　　　　　　e) 夹紧系统各类接头　　　　　　f) 夹紧系统的安装

图 1-2-4　组合可调式夹具系统

二、五轴高速加工的刀具系统

当五轴机床结合高速加工进行配备时，其所用刀具必须适合高速加工的需要。传统镗铣床所使用的刀柄锥度为 7∶24，刀柄端面与主轴端面存在间隙，在主轴高速旋转和切削力的作用下，主轴的大端孔径膨胀，造成刀具定位精度和连接刚度下降。

1. 高速加工的 HSK 刀柄接口

传统刀具锥柄轴向尺寸大，因而刀具较重，不利于快速换刀及机床小型化的实现。高速加工采用 HSK 刀柄接口，如图 1-2-5 所示。它是一个小锥度（1∶10）空心短锥柄，使用时端面与锥面同时接触（过定位），其接触刚性更高。传统锥柄刀具与 HSK 高速加工刀具的比较见表 1-2-1。

2. 热装式收缩刀柄

如图 1-2-6 所示，利用刀柄（特殊钢）和刀具（硬质合金）的热膨胀系数差，对刀具进行高精度、高强力的夹持，热装刀柄适用于高速、高精度、高强度加工。在使用过程中，刀具与刀柄能获得较高的同轴度，由于硬质合金的热膨胀系数低于刀柄材质，因而拆卸毫不费力。

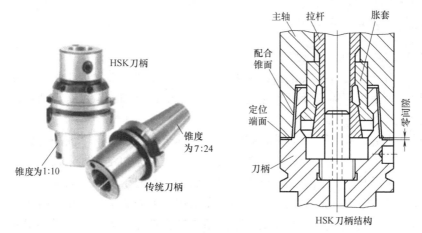

图 1-2-5　高速加工的 HSK 刀柄接口

表 1-2-1　传统锥柄刀具与 HSK 高速加工刀具的比较

传统锥柄刀具，大锥度 7：24（DIN69871）	HSK 高速加工刀具，空心短锥 1：10（DIN69893）
与主轴端面间有间隙，相对稳定性较低（会晃动），不适合高转速 轴向精度低，径向精度有限 重量大，换刀较慢	静态及动态稳定性高 轴向及径向精度高 非常适合在高转速下使用，定心准确 重量轻，易于换刀
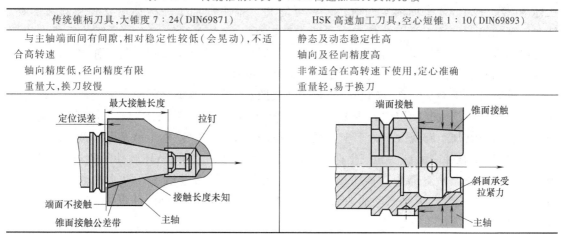	

3. 液压夹紧刀柄

如图 1-2-7 所示，液压夹紧刀柄在刀具容腔外侧开设有液压油容腔，通过旋调加压螺栓加压后使液压油容腔膨胀，改变刀具容腔的体积而夹紧刀具。液压刀柄不仅夹紧力大，而且切削加工时还可起到吸振作用，可有效改善切削受力状况。

图 1-2-6　热装式收缩刀柄

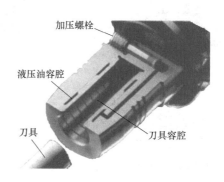

图 1-2-7　液压夹紧刀柄

三、五轴加工的工艺特点

1. 五轴加工的主要工艺实现方式

无论由工作台带动工件摆转还是由主轴头带动刀具摆转，五轴加工时刀轴的姿态角不再是固定不变的，而是根据需要随时产生变化。总体来说，五轴加工可有五轴定向加工实现方式和五轴联动加工实现方式。

五轴定向加工时，在工件或刀具相对摆转到刀具与所需加工的表面垂直后，刀轴呈一定的姿态角不变，其他三个直线轴做传统的三轴联动加工。五轴定向的钻镗点位加工、五轴分度形式的平面轮廓及槽形的铣削加工或曲面铣削加工，均属于五轴定向加工的范畴。若五轴定向是由工作台带动工件摆转实现的，相当于在工作台上安装了一个专用摆转夹具，其工艺实现方式完全类似于传统三轴联动加工，可沿用三轴联动加工的工艺手段和编程方法，包括进给方式及其刀具补偿的设置。若五轴定向是由主轴带动刀具摆转或至少有一个是刀具的摆转实现的，其工艺实现方式将与传统三轴联动加工有所区别。只有当相对摆转使主加工进给在标准 XY、YZ、XZ 平面内实施时，才有可能和三轴联动加工一样使用直线和圆弧插补、钻镗循环的编程以及相关刀补控制，如图 1-2-8a 所示的多面体的加工；若摆转后的进给不在这些标准平面内，只能采用直线拟合的方式，通过直线插补来实现，其刀补控制的应用将受到一定的限制，加工编程将变得更复杂且不易于解读。

五轴联动加工为三个直线轴和两个旋转轴按照特定的轨迹关系同时运动，从而实现刀具相对于工件的连续或断续切削，主要用于空间复杂曲面的加工，如图 1-2-8b 所示叶轮零件的加工。由于其加工路线大多为多坐标联动的空间进给，程序基本上就是直线拟合的方式且必须借助 CAM 软件来编制。和三坐标机床加工曲面一样，基于 CAM 软件的数学处理算法，很多情况下实际上并不都是三轴联动，而是采用某一轴间断进给、另两轴联动做主切削的"两维半"加工方法，五轴联动的曲面加工有时也会采用某 1~2 轴间断进给，其他 3 轴或 4 轴联动做主切削的加工方法。

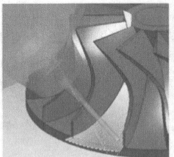

a) 多面体的五轴定向加工   b) 叶轮零件的五轴联动加工

图 1-2-8 五轴加工的主要工艺实现方式

2. 五轴加工对工艺方法的简化及加工质量的改善

采用球刀以传统的法向垂直方式加工曲面时，其主切削点球尖处的有效切削直径较小，切削刃处切削线速度接近于零，此时是刀具在挤压被切材料而不是做旋转切削，不仅已加工表面质量差，而且加工效率很低。为此，采用多轴加工方法，使球刀的刀轴方向相对于加工表面法向倾斜一定的角度，就可以使刀具的有效切削直径加大，其切削接触点处的切削线速度得以显著提高，从而改善切削质量，提高切削效率。通过计算刀杆倾斜时背吃刀量与有效切削直径的关系，可辅助判断切削加工的效率以及合适的切削参数。如图 1-2-9 所示，刀杆倾斜 β 角后，当背吃刀量为 a_p 时，刀具的有效切削直径可由下式计算：

$$d_{eff} = d\sin\left[\beta \pm \arccos\left(\frac{d-2a_p}{d}\right)\right]$$

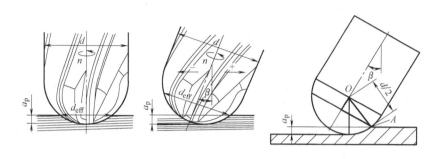

图 1-2-9 刀杆倾斜后有效切削直径的计算

如图 1-2-10 所示，曲面加工时，采用等弦长或者等误差的曲线拟合算法，无论其是应用于沿切削方向的进给控制还是行切间距的分配，最终都存在着允许精度范围内的过切或余量残留。用点接触的球刀加工一张曲面时，要想获得较小过切量或残留量的较高表面质量，就需要很细密的步长或行距，这就必然会造成加工时间和成本的增加。在五轴加工可变姿态角的控制方式下，为达到同样的加工误差，使用立铣刀的侧刃或底刃实施允许弦长的线接触切削，可加大切削行距，从而提高切削效率和表面质量。

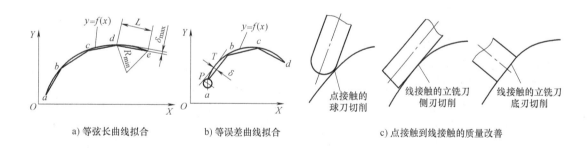

a) 等弦长曲线拟合   b) 等误差曲线拟合   c) 点接触到线接触的质量改善

图 1-2-10 五轴加工对曲面加工质量的改善

对螺旋桨、叶轮等多叶片一体的零件，当叶数较少、螺旋升角不大时，其叶间无重叠，此时可对铸件毛坯采用图 1-2-11a 所示的三轴翻面加工方式，下方采用千斤顶辅助调节，上表面打表找平后锁紧，但采用三轴翻面加工方式时叶面和叶背必须分两次装夹翻面加工，其叶片逐渐变薄的导边和随边边缘极易变形且光顺性较差。而使用图 1-2-11b 所示五轴加工方式则可在一次装夹下完成，不仅可较好地保证叶片零件的整体尺寸精度，且其导边和随边边缘可环绕顺接加工，前后缘表面质量和光顺程度可大大提高。

对于叶数多且螺旋升角较大的螺旋桨及叶轮类零件，其叶间有大面积的重叠，则必须借

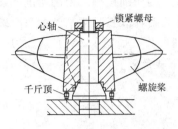

a) 三轴翻面加工方式   b) 五轴加工方式

图 1-2-11　螺旋桨零件加工的工艺实现

助五轴加工工艺，通过摆头或摆台从叶间斜向进给方可实现整个叶片的加工。

对于单叶片曲面零件，采用三轴加工时，只能使用球刀进行曲面的精修加工，其加工效率较低且表面质量不高。相对于多叶片一体的零件而言，单叶片加工时的干涉避让较少而易于控制，更适合采用多轴加工工艺，方便使用平底铣刀以线接触方式实现多轴宽行的高效切削，如图 1-2-12 所示。

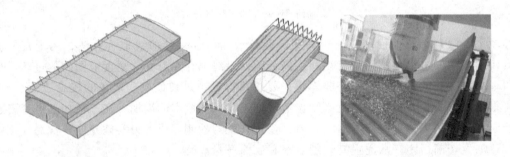

图 1-2-12　使用平底铣刀实现多轴宽行的高效切削

图 1-2-13 所示的零件，其内外侧壁曲面为变斜角变半径顺滑过渡的几段弧形曲面，采用三轴铣削方式加工相当困难，需要更换几把不同锥度角的锥形铣刀分段加工，或采用球刀做曲面行切加工，加工费时费事且表面质量不好控制。若使用五轴加工，可使用立铣刀的侧刃一次精加工出来，其加工出的零件表面质量要比球刀加工的好许多，精度能得到很好的保证，同时切削效率也大大提高。

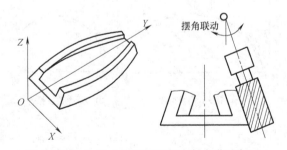

图 1-2-13　使用立铣刀侧刃的变斜角曲面加工

3. 五轴加工的粗精加工工艺安排

（1）粗加工工艺安排的原则

1）尽可能用平面加工或三轴加工方法去除大余量，以提高切削效率，增加其加工控制的可预见性。

2）分层加工，留够精加工余量。分层加工可均衡零件的内应力，防止过大的变形。

3）遇到难加工材料或者加工区域窄小、刀具长径比较大的情况时，粗加工可采用插铣方式。叶轮加工开槽时，最好不要一次开到底，应根据情况分步完成，即开到一定深度后先做半精加工，然后再继续开槽。

（2）半精加工工艺安排的原则

1）半精加工是为精加工均化余量而安排的，因此其给精加工留下的余量应小而均匀。

2）保证精加工时零件具有足够的刚性。

（3）精加工工艺安排的原则

1）分层、分区域、分散精加工。精加工顺序最好是由浅到深、从上而下。对于整体式叶片及叶轮类零件，精加工应先从叶面、叶背开始，然后再到轮毂，以确保加工叶型悬臂时其根部有足够的刚性。

2）模具、叶片、叶轮等零件的加工顺序应遵循曲面→清根→曲面的顺序反复进行，切忌两相邻曲面的余量相差过大，造成在加工大余量时，刀具向相邻而余量又较小的曲面方向让刀，从而造成相邻曲面过切。

3）尽可能采用高速加工。高速加工不仅可以提高精加工效率，而且可改善和提高工件精度和表面质量，同时有利于使用小直径刀具，有利于薄壁零件的加工。

对多曲面交接的复杂曲面加工，为避免五轴 CAM 编程计算时抬刀、下刀次数过多而出现扎刀过切，可先简化曲面建模，或尝试改变改轴下刀的方向、改变刀路策略，或使用稍小直径的刀具及锥度球头铣刀，以减少抬刀和下刀的次数，使刀路轨迹连续顺接。

单元三　认知五轴加工的技术流程

一、五轴加工的技术流程

五轴加工的技术流程如图 1-3-1 所示。

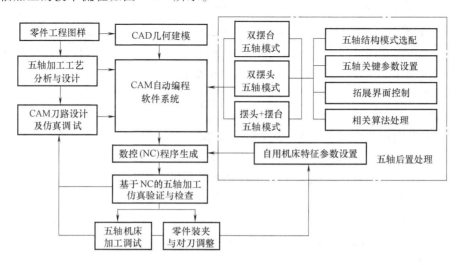

图 1-3-1　五轴加工的技术流程

三轴加工时，可直接按工艺设计生成刀路，再根据机床系统生成 NC 程序，然后传送程序到机床中，由操作人员按指定的工件零点位置对刀后实施加工即可。而五轴加工与三轴加工不同，早期数控机床因不支持刀具中心点控制（Rotational Tool Center Point，RTCP）的旋转轴刀长自动补偿技术，在生成刀路后输出 NC 程序之前，操作人员必须先将工件装夹对刀后的现场相关数据给编程人员，通过 CAM 软件进行相关后置参数设置，才能生成 NC 程序，再传送到机床中实施加工。但随着现代五轴机床对 RTCP 功能的支持，这一状况得到了很大改善，依然可以如三轴编程加工那样，在前期生成与机床结构参数无关的 NC 程序供加工使用。然而，不管如何，随着五轴加工控制轴数的增多，其 NC 程序的可识读性较差，碰撞干涉可能存在较大的不可预见性，因此，实际加工前必须借助第三方仿真软件进行基于 NC 的五轴加工仿真检查和验证。若有碰撞干涉的可能，再返回到 CAM 软件中进行刀路设计的调整，其技术流程远比三轴加工要繁杂。为了获得更精准的仿真检查效果，应尽可能地根据自用机床的机械部件结构、工件装夹部件结构及其位置关系、实际所用刀具系统各刀具尺寸及其刀柄结构尺寸等现场真实数据，在第三方仿真软件（如 VERICUT）中进行模型构建。通过反映现场真实场景的五轴加工仿真进行碰撞干涉等内容的检查和验证，对后续机床的实际加工能起到事半功倍的效果。

二、五轴加工编程的 CAM 软件及基本要求

目前用于三轴数控铣的流行 CAM 软件大多都具有五轴加工编程的功能，包括 Cimatron、MasterCAM、UG、Delcam、CAXA、Pro/E、CATIA 等。这些软件有的是以 CAM 为主的专业编程软件，有的是集 CAD/CAM 设计与制造一体化的多功能平台软件。

五轴加工包括五轴定向方式下的三轴加工，因此应具备三轴加工刀路设计的全部功能，五轴功能是在此基础上的扩充。

1）具有实现定位五轴加工方式（3+2 轴）和连续五轴加工方式的各类刀路功能。五轴定位时能包含五轴定向的坐标数据输出，连续五轴加工时可以获得五轴联动的数据输出。

2）具有连续五轴加工的基本功能和拓展的专家模块功能；具有五轴曲面、槽、弯孔（管道）等的基本加工能力，包含五轴轮廓/曲线、沿边和沿面加工，刀路裁剪功能以及五轴投影加工功能等；能实现叶轮等常用零件的五轴加工专业化刀路定制或模块指导化定制。

3）五轴加工刀具路径可基于通过点或指向点加工；自直线或到直线；自固定倾角到可变倾角；从曲线或驱动曲面进行控制，其刀轴控制方法多样，刀轴运动安全合理。

4）五轴加工支持使用全范围的不同类型的切削刀具，包括面铣刀、角度铣刀、球头立铣刀、圆角铣刀、三面刃铣刀等。

5）能自动对产生的全部刀具路径进行刀具夹持和刀具的五轴碰撞检测，这样可确保加工过程中不出现过切现象，满足加工叶轮、螺旋桨、工模具内部的小型型腔要求。

6）具有五轴刀具路径编辑能力。除三轴中描述的功能外，支持五轴刀具路径的刀轴矢量进行编辑，并自动处理安全相关状态，进行防过切碰撞。

7）提供五轴联动的实体切削仿真过程，而且提供五轴机床动作仿真过程。动态仿真五轴机床加工过程中各轴和各机构的运动关系，自动检查工件、刀具、夹具与机床设备间是否干涉、是否超程并自动报警。

8）完善的五轴加工后处理设置，支持非 RTCP 和 RTCP 不同模式的程序输出，支持国

际上各种机床设备，如德马吉（DMG）、米克朗（MIKRON）菲迪亚（Fedia）牧野（Makino）、马扎克（Mazak）、松浦（Matsuura）、森精机（Mori Seiki）、福科（Fooke）等。

三、五轴 CAM 的后置处理

后置处理是指在通用的刀具切削路线（刀路轨迹）定义完成后，为适应机床五轴结构模式以及机床控制系统的编程规则而定制输出 NC 程序的技术工作。通常 CAM 软件都提供多种标准机床设备后置处理选用的接口，用户只需要在程序输出前选择所需的标准设备类型即可获得与之对应的 NC 程序输出。对数控加工的程序输出而言，不仅涉及机床数控系统类型的不同，如发那科（FANUC）、西门子（SINUMERIK）、华中数控（HNC）等，而且同一机床系统不同的版本型号，其编程规则也存在着或多或少的差异，如 FANUC-0i 和 FANUC-18i，SINUMERIK802 和 SINUMERIK840，HNC-21M 和 HNC-8M 等；不同的机床厂家虽然选用了同一类型的数控系统，但进行 PLC 功能拓展控制时对部分辅助功能代码则进行了不同的规则定义，如有的机床换刀用 T×× M6，而有的用 T×× M98 P9000，所有这些都需要在 CAM 后置程序输出时进行相应的参数设置。而对于五轴加工，其影响 NC 程序输出的参数更多，包括五轴机床的双摆台、双摆头、摆头+摆台的结构模式选配，两个旋转轴类型（主旋转轴和第二旋转轴）A+C、B+C，以及该两轴的旋转方向和零角度方位等关键参数，还有双摆台机床轴间偏置数据或摆头式机床的摆长及刀长补偿的机床特征参数等。由于早期的五轴机床不具备 RTCP 的旋转轴自动补偿功能，因此需要进行非 RTCP 的 NC 程序输出，其 RTCP 补偿由 CAM 后置算出。现代五轴机床通常具有 RTCP 功能，其由 CAM 输出的 NC 程序只需含启用机床 RTCP 功能对应的指令代码即可，RTCP 的补偿计算由机床系统实现。为了兼顾这两种方式，CAM 必须具备相应的后置处理设置。

1. 不同五轴结构模式机床的结构特征参数

对于图 1-3-2 所示某 A+C 双摆台五轴结构模式的机床，其工作台 C 轴可绕 Z 轴做 360°旋转，而工作台 A 轴可绕 X 轴向前最大倾斜 30°，向后最大倾斜 95°，工作台面上表面至 X 轴轴线的 Z 向偏置距离为 125mm，工作台旋转中心轴线（C 轴轴线）至 X 轴轴线的 Y 向偏置距离为 165mm。由 CAM 进行五轴加工非 RTCP 的 NC 程序输出时，只有在后置处理时给定这些数据，才可产生正确的加工程序。这些数据就是双摆台五轴机床的特征参数，不同的双摆台机床具有不同的特征参数。使用该机床加工不同的零件，安装零件时应使其 C 轴编程零点与 C 轴轴线重合，因此 Y 向偏置距离相对不变，可按-165mm 设置。若 Z 向零点位于

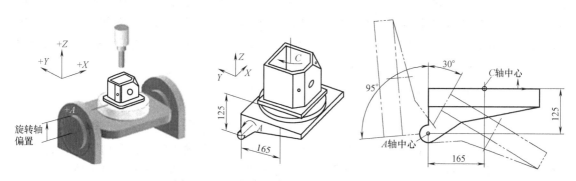

图 1-3-2 双摆台机床的轴间偏置及旋转范围

与工作台面重合的下安装表面，则 Z 向偏置距离按 125mm 设置；若 Z 向零点距工件下安装表面有一定的距离，则 Z 向偏置距离应计入该距离值，按 Z 向零点至 A 轴轴线的实际 Z 向距离数据进行特征参数设置。若拟启用机床所具有的 RTCP 自动补偿功能，这些轴间偏置的机床结构特征参数只需在机床参数中给定，NC 程序输出时就不需要再考虑，而且工件在机床中的安装位置可更灵活，只需和三轴加工一样通过对刀找正工件零点即可，这就是使用具有 RTCP 功能机床的优势。

对于图 1-3-3 所示某 $C+A$ 双摆头五轴结构模式的机床，其定轴 C 可绕 Z 轴做 360°旋转，而动轴 A 轴可绕 X 轴向前最大倾斜 90°，向后最大倾斜 90°。由于刀轴方向随 A 轴摆转而变化，因此加工进刀方向可能与 Z 轴方向不再平行，其刀长补偿的计算将变得较为复杂，因此，只有在 CAM 后置中设置摆长、刀具定长及旋转轴角度允许摆转区间等机床结构特征参数，才可得到正确的非 RTCP 的 NC 程序。摆长（枢轴中心距 L）是指两旋转轴的交点（即枢轴点）到刀具刀位点（刀尖中心或球心）的距离，即刀位点至 A 轴轴线的距离。摆长 L 由枢轴点到主轴鼻端的距离和刀具定长两部分组成。其主轴鼻端到枢轴点的距离由机床厂家给定，对某机床而言通常为定值，而刀具定长为刀柄安装基准平面（与主轴鼻端平齐）到

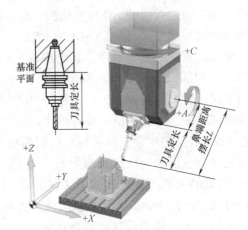

图 1-3-3　双摆头机床的摆长

刀具刀位点的距离，因加工所用刀具不同而变化。使用双摆头机床 RTCP 功能做五轴加工时，这些数据需在机床系统参数中给定，在 CAM 后置中选择使用机床 RTCP 模式输出即可。

2. 五轴后置相关参数的设置

不同的 CAM 软件对影响 NC 程序输出的相关后置处理参数的设置采用不同的管理模式，但从规范程序指令格式的通用参数设置到由刀路轨迹数据转换为 NC 指令坐标数据的算法，针对不同的机床系统以及不同的机床结构模式，均有一个对应的后置处理文档供用户在程序输出前选用，并允许用户对该后置处理文档进行个性化编辑与修改。一般来说，对通用参数的编辑修改目前大多通过专门的后置处理编辑器实现，用户可采用人机对话的方式在对话框中逐一进行设置修改，而对高级参数设置，特别是涉及相关算法部分的修改，大多还需熟知后置处理文档语法的高级用户（或软件商）直接对后置处理文档进行编辑处理。由于高级后置处理文档的修改带来的后果不可预见，因此不建议一般用户直接进行编辑。对五轴加工而言，一般用户只需要能够进行相关后置参数设置即可。图 1-3-4 所示为 UG NX 的五轴相关后置设置，图 1-3-5 所示为 MasterCAM 的五轴相关后置设置。

四、基于 NC 的仿真检查

1. 数控加工仿真检查软件的类别

（1）CAM 软件内嵌的仿真检查功能模块　CAM 软件本身内嵌有刀路轨迹的仿真检查功能模块，通常具有线架形式、3D 实体形式以及基于机床实体模型的仿真验证检查。实体模型的仿真用于加工结果的直观检查，而线架仿真用于刀路轨迹的细致分析。实体仿真检查

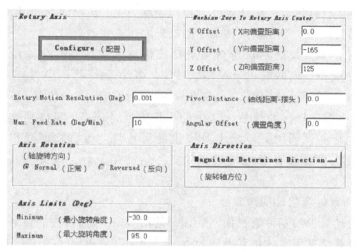

图 1-3-4　UG NX 的五轴后置设置

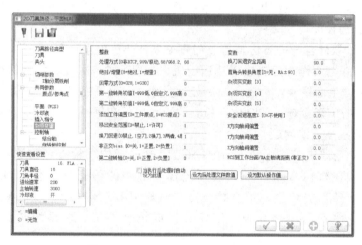

图 1-3-5　MasterCAM 的五轴后置设置

时，因快速移动导致的干涉碰撞痕迹可用特定的颜色显示，容易直观地被发现，而工进时产生的过切和欠切则必须通过与设计图样比对做出判断。基于刀路的毛坯加工实体验证，便于设计者观察所编制刀路的加工效果，以及时调整刀路方法与设计参数，但这种实体验证难以体现零件在机床上具体加工状况及其对结构关系的要求。而基于机床模型的虚拟验证，可帮助设计者根据生产现场中机床与夹具的实际结构及尺寸关系，进一步就加工工艺系统的具体要求实施分析和检查，对刀具长短、工件装夹位置要求及其可能的干涉情况等做出一定的判断。

（2）第三方开发的专业仿真检查软件　由 CAM 软件公司与数控机床厂家之外的第三方所开发的仿真检查软件，如 CIMCO Edit、MetaCut Utilities、VERICUT 等。这类软件通常可读取由 CAM 软件生成的刀路轨迹数据文件或者面向机床加工用的 NC 程序文件，从中提取或即时定义刀具和毛坯数据后，即可选择线架形式或 3D 实体形式的仿真检查。由于对 NC 程序解释方面的不同理解和对实际插补算法的不同，这类仿真检查软件对过切和欠切虽然也有定量的分析，但和具体数控机床的实际加工效果或多或少地存在一定的差异。

另外，还有一些国内开发的加工仿真类软件，如上海宇龙、北京斐克等的数控加工仿真系统等。目前，这类软件以数控机床操作的模拟训练为主，虽然也可直接面向 NC 程序进行一些基本功能的仿真检查，但在复杂件加工的处理上还不完善。

（3）数控机床厂家开发的在机仿真检查功能模块　由数控机床系统本身提供的在机仿真检查，作为功能模块内嵌在机床控制软件中。其由于采用 DOS 操作系统的控制模式，在存储容量的分配上受到种种限制，大多都只能提供线架形式的仿真，只有少量使用 PC-NC 控制模式和基于 Windows 操作系统管理的机床系统才有 3D 实体形式的仿真检查功能模块，而且有些机床必须采用其系统本身提供的简易自动编程功能获得的程序才可实现在机仿真检查。在机仿真检查通常与机床的实际运动相配合，因此，其真实可信度是最高的。

2. 数控加工仿真检查软件的适应性

总体来说，自动编程的零件数控加工处理，使用 CAM 软件内嵌的仿真检查功能最便利。大多情况下设计者都会选用实体仿真做预检查，发现问题后再用线架仿真进行具体分析。对于多工序加工的仿真，通常采用将前一工序仿真结果保存为 STL 半成品毛坯文件的方法，供后续加工使用，最终的加工结果还可与零件的实体模型进行过切和欠切的比较，从而判定其刀路设计的不合理程度。

由于很多 CAM 软件自身进行仿真检查时不是基于 NC 程序而是基于刀路轨迹的中间数据，其仿真检查似乎与后续程序输出时选用的机床类型无关，因此，它无法检查出其在转换到 NC 程序过程中产生的错误。为此，在后处理生成 NC 程序之后，还必须采用第三方软件进行基于 NC 程序的仿真检查，此时仿真检查的重点可放在每一把刀具加工程序的首尾部分及其下刀、提刀的碰撞干涉问题。

若要进一步就毛坯安放和装夹后的准加工状况进行仿真检查，可选择基于机床实体模型的仿真模块、在机仿真软件，或选择操作训练类的仿真软件做定性检查。为避免在各软件之间来回转换的烦琐，可直接选用如 VERICUT 那样能全面兼顾的第三方专业软件，即使多轴、多面、车铣复合、工序分散或组合加工、多系统选配，也可在一个软件中实现。

3. 基于 NC 程序仿真验证的软件

（1）MetaCut Utilities 仿真软件　MetaCut Utilities 是一个用于加工前对 NC 程序代码进行仿真模拟及检查分析的专业软件，在其中也可指定 STL 数据文件作为毛坯，从 3.0 版起即可进行多轴加工的仿真模拟。如图 1-3-6 所示，该软件左侧显示 CAM 软件产生的 NC 程序或 NCI 刀路数据，右侧可多窗口显示加工刀路、加工切削的动态过程及切削后的实体模型结果，左下方显示所用刀具，右下方显示实时状态信息、过切碰撞及其结果分析等提示信息。

（2）VERICUT 仿真软件　如图 1-3-7 所示，VERICUT 软件可用于交互模拟 2~5 轴铣、钻、车、EDM 等单项及组合数控加工过程，能准确识别加工过程中的过切和欠切，刀具与工件、刀具与夹具等的碰撞；可将切削零件与设计原型进行比较，以判断过切差值和欠切差值；可由用户根据自用机床的结构模式自主搭建机床模型，能自主选用机床数控系统类型并定义编程规则；可参照现场加工的实际环境构建任意工具、夹具或刀杆形状，并可任意旋转、剖视以及测量零件尺寸；能根据切削条件与 NC 工具能力，自动修正 NC 程序，使其更快、效率更高。

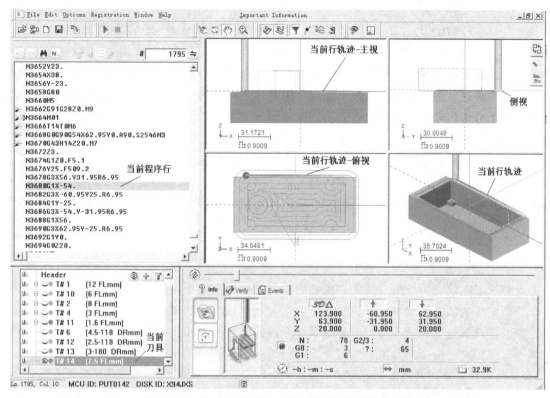

图 1-3-6 MetaCut Utilities 基于 NC 程序的模拟仿真

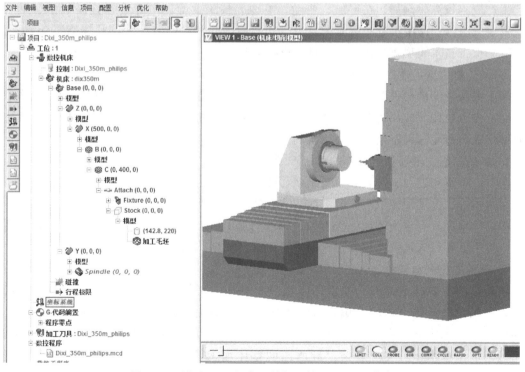

图 1-3-7 卧式 B+C 摆台五轴加工的 VERICUT 仿真

单元四　了解五轴加工的应用领域及其发展趋势

机械工业是装备制造最重要的组成部分，我国机械工业的重要产品产量已居世界前列，国民经济的高速发展对机械工业技术也相应地提出了更高的要求，对高档数控机床的大量需求也就非常迫切。当前我国数控产业的产品结构不断优化，技术含量增加明显，数控企业纷纷推出五轴联动数控机床及其配套系统，每年高精、高速、五轴联动等高档数控机床的生产都超过千台。例如，华中数控已有150多台五轴联动高档系统与高档数控机床配置，在我国的国防、汽车和重大装备制造企业中得到了广泛的应用。作为国民经济增长和技术升级的原动力，以五轴联动为标志的机械装备制造业将伴随着高新技术和新兴产业的发展而共同进步。

一、五轴加工的应用领域

五轴加工主要应用于航空航天、水利水电、轮船等高端产品核心部件的制造，例如具有复杂曲面结构的航空发动机大型整体叶轮、水利水电设备中的发电机转子、汽车发动机中的涡轮以及模具制造等领域。为适应装备制造业高速发展的需要，五轴加工技术在制造业的各领域都已得到广泛应用。其主要应用如下：

1. 加工复杂空间曲面的产品零件

加工一些具有复杂空间曲面的产品是五轴加工的典型应用之一。传统的三轴数控机床加工，可能需要多台机床、多次装夹，有的甚至无法加工，并需要大量的人力修整，制造周期长，生产成本较高。例如，在宇航、船舶、电力、核工业等制造业中，其压气机、燃气轮机、发电机组等产品中都有结构复杂且为空间曲面的叶片、整体叶轮以及螺旋桨叶等零件，采用五轴加工技术实现直接铣削加工具有重要的意义。

2. 大型复杂结构件的高效加工

加工大型复杂结构件时，其搬运、装夹和测量是困难、费时和高费用的，同时在多数情况下需要多台机床。应用适应轻、中、重载切削的各类高速五轴机床对大型复杂结构件实现高效率加工可避免这种不足，其在飞机制造业得到了最为广泛和有效的应用。

3. 复杂多面体带孔系结构件的高生产率加工

宇航、汽车制造业，需要加工复杂多面体带孔系结构件，如汽车气缸盖、气缸箱体、泵体和变速器等，传统加工手段需要多次装夹，测量、装夹定位困难、费时，加工周期长，生产成本高。采用具有多面体加工能力的五轴联动加工中心，可有效缩短生产周期，降低生产成本。应用五轴机床加工此类零件，通常可将生产周期缩短30%～70%。

4. 模具主要成型部件的加工

模具中的主要成型部件，如型芯、型腔、侧抽芯部件等，由于传统加工手段的局限性，往往采用电火花（EMD）辅助加工的方法，或将复杂难加工的内腔曲面分解为几个部件镶拼组合的方式进行加工，不仅加工过程繁杂、加工周期长，而且装配调整困难。采用五轴加工技术，可实现复杂模腔曲面的整体加工，能有效缩短加工生产周期，明显降低生产成本。

5. 个性化产品零件加工

五轴加工技术对各种个性化零件的加工具有普遍优点。例如，针对 3C 行业，基于华中 8 型高档数控系统，华中数控推出的高速钻攻中心数控系统 HNC-808AM，实现了加工效率的极大提高。

6. 组成柔性生产系统用于中小批量产品的加工

数控设备的柔性化、高速化与集成化一直是工业界努力追求的目标，并已成为数控设备发展的趋势。宇航、汽车制造商多采用高速五轴联动加工中心构成柔性加工单元或柔性化生产线来实现中小批量复杂产品的生产。

二、五轴加工技术的发展趋势

1. 当前五轴加工技术的发展方向

（1）高速、高效率 随着机床技术的发展，高速机床主要功能部件高速电主轴单元、高速进给机构、高性能数控以及伺服系统都实现了突破，高速机床应用范围越来越广，目前直线电动机驱动的主轴转速可达 15000 ~ 100000r/min，进给运动部件快速移动速度达 60 ~ 120m/min，切削进给速度达 60m/min，最高加速度达 10g。

（2）高可靠性 五轴机床加工表面比较复杂，一般要求其平均无故障时间在 20000h 以上，且有多种报警和防护措施，减少由于故障造成的损失。国外驱动装置平均无故障时间可以达到 30000h 。

（3）高精度 随着 CAM 系统的发展，机床加工精度得到大幅度的提升。目前，普通数控机床的加工精度可达 5 ~ 10μm，精密级加工中心可达 1 ~ 1.5μm，超精密加工中心的精度可达纳米级。另外，机床精度的提高不只体现在加工精度数量级上，高精度的概念也得到了拓展和延伸。现在提到高精度，包括表面粗糙度、几何精度和尺寸精度间的相互协调，例如尺寸精度为微米级，几何精度为亚微米级，表面精度为纳米级，同时还要保障工件表层结构品质。

（4）复合化 由于复杂零件的加工要求越来越高，目前越来越多的复杂零件采用复合机床进行综合加工，以避免加工过程中反复装夹带来的误差，提高加工精度，缩短加工周期。复合加工机床已成为机床发展的一个重要方向。与以往单纯追求高速主轴和进给机构不同，当今市场对个性化的要求日益强烈，交货日期也在不断缩短，因此五轴联动加工中心更趋向于小规模甚至单件生产。为了满足这一要求，机床厂商需要开发出复合程度更高的复合机床，五轴车铣复合加工中心就是这一趋势的重要例子。

（5）智能化、网络化、柔性化 随着工业技术发展进入工业 4.0 时代，智能化包含在机床控制的各个方面，主要有自适应控制技术、故障诊断装置、智能化数字伺服驱动装置等。网络诊断、远程控制、网络设计等技术的兴起使五轴机床向网络化发展。

（6）环保化："绿色机床" "绿色机床"的核心概念是减少对能源的消耗，努力实现 30/60 碳达峰和碳中和目标。我们期望"绿色机床"应该具备的特征有：机床主要零部件由再生材料制造；机床的重量和体积减少 50% 以上；通过减轻移动部件质量、降低空运转功率等措施使功率消耗减少 30% ~ 40%；使用过程中的各种废弃物减少 50% ~ 60%，保证基本没有污染的工作环境；报废机床的材料接近 100% 可回收。

2. 未来五轴机床技术的发展热点

（1）直线电动机驱动技术　当前，直线电动机技术已经非常成熟。直线电动机刚开发出来时易受干扰和产热量大的问题已经得到解决，而直线电动机的定位技术，能实现高速移动中快速停止。直线电动机的优点是直线驱动、无传动链、无磨损、无反向间隙，所以能达到最佳的定位精度。直线电动机具有较高的动态性，加速度可超过 $2g$。采用直线电动机驱动还具有可靠性高、免维护等特点。

（2）智能化模块的应用技术　基于机床状态的加工自适应模块：监控机床在加工过程中的加工状态，自动分离切削条件变化、刀具磨损等因素，对加工参数进行自动调整，提高机床加工效率，延长刀具及机床关键部件寿命。

五轴联动误差自动分离与补偿模块：通过开发专用设备对双摆头 $A+C$ 轴 RTCP 误差进行测量、分离，将联动误差进行统计分析并自动补偿，实现 RTCP 调试的自动化。

热变形及其补偿模块：对主轴和进给系统等一些核心区域进行发热反馈，利用热误差补偿系统自动补偿。

（3）复合加工技术　拥有为加工复杂形状的工件而进行数道工序、不同方式的加工性能的机械，称为复合加工机床。为达到同样目的，也有将控制坐标多轴化、扩大加工功能、多机能化的使用方法。总之，复合加工技术用工序集成的方法提高生产效率，提高机床的附加价值。例如，铣削激光切割五轴联动复合加工机床、融入增材式激光局部堆焊技术的五轴机床、整机自动装配的柔性组合加工生产线和以车削为主体的复合加工中心等。

五轴机床已经成为当今加工工业最重要的加工工具。随着工业化的深入，五轴机床必将应用于更加广泛的领域，只有紧跟世界机床发展的步伐，深入研究，不断加大自主创新力度，才能在新的机床工业发展中不断前进。

思考与练习题

1. 数控机床是依照什么原则来确立坐标系统的？其基本坐标轴确立的方法是什么？旋转轴是如何设定的？

2. 卧式数控转台式四轴加工中心能进行什么样的加工？五面加工需要什么机床类型？

3. 多面分度加工和多轴联动加工有什么区别？什么是多轴定向加工？

4. 五轴机床主要有哪些实现形式？各有什么特点？$A+C$ 和 $C+A$ 有什么不同？

5. 3+2 五轴定向加工和 3+2 五轴结构模式的机床各是什么概念？是不是只有 3+2 模式的机床才可以实施 3+2 定向加工？

6. 五轴加工有什么特点？为什么说五轴加工能简化工艺、提高加工质量和切削效率？

7. 五轴加工的工艺优势有哪些？是否五轴加工使用的夹具也相当复杂？五轴加工对工件的装夹有什么要求？

8. 用平底铣刀对零件上的局部柱面做法向垂直的回转铣削时，其表面常有明显的行间凹凸接痕，原因是什么？为获得较好的表面质量，选用刀具时应注意什么？

9. 高速加工对刀具有何特殊要求？传统 7∶24 的刀柄接口为什么不适合高速加工？HSK 刀柄接口与传统刀柄接口相比有什么优势？

10. 热装式刀柄和液压夹紧刀柄分别基于什么原理？

11. 三大类结构模式的五轴机床加工分别适合于什么样的工艺范围，各有何优缺点？

12. 五轴加工的粗精加工工艺安排和三轴加工有何不同？为什么五轴加工不能像传统三轴加工那样编制出 NC 程序后直接在机床上执行加工？其程序编制时需要机床哪些相关数据？

13. 五轴加工的大致技术流程如何？为什么需要先做仿真？仿真模拟的主要目的是什么？从刀路设计到机床加工前期，分别需要做哪些形式的仿真？每部分的模拟仿真分别解决什么技术问题？

14. 五轴加工的 CAM 软件有哪些？五轴加工一般对 CAM 软件有哪些功能要求？你通常使用哪类软件？你对其五轴加工编程功能有何了解？

15. CAM 软件的后置处理是什么？五轴加工的后置处理和三轴加工后置有何区别？五轴后置特别需要关注哪些关键参数？

16. 五轴加工的技术现状如何？五轴加工一般应用于哪些方面？你对五轴加工的关键技术有什么样的了解？

17. 和三轴加工技术相比，五轴加工的技术难度主要有哪些？

18. 未来数控技术的发展有哪些趋势？五轴加工技术的发展趋势如何？

项目二

五轴联动加工中心认知及基础操作

单元一　认知 JT-GL8-V 五轴联动加工中心

一、机床五轴联动模式

1. JT-GL8-V 五轴联动加工中心的结构组成

图 2-1-1 所示为 JT-GL8-V 五轴联动加工中心，它是一种门型立式加工中心结构。设置在床身上的双摆转工作台以环绕 X 轴回转的为 A 轴，工作台中间还设有一个 C 轴回转台，可环绕 Z 轴回转。通过 A 轴与 C 轴的组合，固定在工作台上的工件除了底面之外，其余五个面都可以由立式主轴进行加工。A 轴和 C 轴最小分度值一般为 $0.001°$，这样又可以把工件细分成任意角度，加工出倾斜面、倾斜孔等。该机床标配华中 HNC-848 总线式数控系统，支持多轴多通道、五轴加工 RTCP 等功能，使 A 轴和 C 轴与 X、Y、Z 三直线轴实现联动，可加工出复杂的空间曲面。

图 2-1-1　JT-GL8-V 五轴联动加工中心

2. 机床主要规格及技术参数

JT-GL8-V 五轴联动加工中心的主要规格及技术参数见表 2-1-1。机床净重 6000kg，长×

宽×高为：2700mm×2800mm×3400mm。

表 2-1-1　JT-GL8-V 五轴联动加工中心的主要规格及技术参数

规格 ITEM		单位	GL8-V
工作台	工作台最大荷重	kg	水平时为 100kg, 倾斜时为 75kg
	工作台直径	mm	ϕ350
行程	X 轴行程	mm	400+550（换刀行程）
	Y 轴行程	mm	400+150
	Z 轴行程	mm	350
	A 轴行程	(°)	$-42 \sim +120$
	C 轴行程	(°)	360
	主轴鼻端至工作台距离	mm	$120 \sim 470$
线轨	线轨宽度	mm	X:34　Y:34　Z:28
	线轨道数		X:2　Y:2　Z:2
主轴	主轴锥度		BT40
	主轴转速	r/min	10000
速度	$X/Y/Z$ 切削速度	mm/min	$1 \sim 12000$
	快移速度	mm/min	X:36000　Y:36000　Z:36000
		r/min	A:13.3　C:22.2
精度	定位精度	mm	$X/Y/Z$:±0.005
		(″)	A:45　C:15
	重复定位精度	mm	$X/Y/Z$:±0.003
		(″)	A:±8　C:±6
主轴	额定功率	kW	7.5/11
	额定转矩	N·m	35.8
进给轴	额定功率	kW	X:5.1　Y:8.5　Z:8.5
	额定转矩	N·m	X:16　Y:27　Z:27
刀库	刀库形式		伞形刀库-BT40
	刀库容量	把	16
	换刀时间（刀对刀）		2
	最大刀径（满刀/空邻刀）	mm	ϕ100/ϕ200

3. 机床的五轴结构模式及轴间位置关系

JT-GL8-V 五轴联动加工中心为摇篮式 $A+C$ 双摆台五轴结构，其 A 轴为定轴，C 轴为动轴。C 轴转台位于 A 轴转台的中间，C 轴轴线与 A 轴轴线正交，即 Y 向偏置距离为 0mm，A 轴可倾斜角度为 $-42° \sim +120°$，C 轴旋转范围为 360°，最小分度单位为 0.001°，耐切削力矩可达 70N·m。C 轴转台上表面与 A 轴轴线重合，可加装自定心卡盘、单动卡盘或其他专用夹具，以实现各类中小坯件的装夹。该机床各轴位置关系如图 2-1-2 所示。其 A 轴零位为工作台面水平放置，即与 Z 轴法向垂直的方位；C 轴绝对零位为台面 T 形槽与 X 轴平行的方位，图 2-1-2 中 A、C 轴的正负方向均为工作台（工件）旋转时的方向，与针对刀具运动用右手螺旋定则确立机床坐标系的方向正好相反。

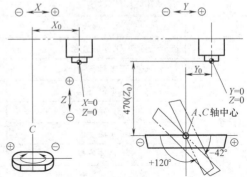

图 2-1-2　JT-GL8-V 五轴联动加工中心各轴位置关系

以上为机床设计时的理想几何关系，实际机床会因制造和装配误差，而使 A、C 轴线间存在小量的轴间偏置。由于这一偏置对加工结果会造成较大影响，因此，使用机床之前，必须先进行偏置距离的标定，以确保 RTCP 功能执行的准确性，使用非 RTCP 程序输出时也需要采用这些偏置数据。

二、主轴系统及 ATC 系统的构成特点

JT-GL8-V 五轴联动加工中心的主轴结构如图 2-1-3 所示。该机床通过特殊设计来轻化主轴箱体结构，使 Z 轴传动具有更高的灵敏性，同时主轴中心与 Z 轴导面距离仅 210mm，提高了主轴箱的刚性，有效避免了因主轴箱体中心悬臂过长导致的主轴箱变形大等问题。该机床搭配直连式高转速主轴（主轴转速可达 10000r/min），响应速度快，转矩大，定位精度高，从而能有效提高加工精度；标配带气幕功能，以防止冷却液及粉末切削物进入主轴内部影响主轴使用寿命，且标配主轴环喷功能，能有效提高加工冷却效果。

如图 2-1-4 所示，该机床的 ATC 自动换刀机构布置在机床左侧，搭配容量为 16 把刀具的经济型伞形刀库，刀仓设计成独立控制的罩盖结构，能防止切屑黏着刀具，从而保证刀具

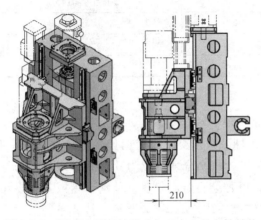

图 2-1-3　JT-GL8-V 五轴联动加工中心的主轴结构　　图 2-1-4　JT-GL8-V 五轴联动加工中心的 ATC 装置

的正常使用寿命。

三、进给驱动系统的构成特点

JT-GL8-V 五轴联动加工中心各运动轴的结构布局如图 2-1-5 所示。该机床采用高刚性龙门式结构，立柱与横梁一体，有效提高了整机结构的稳定性。其 X 轴的运动为在龙门立柱横梁上带动 Z 轴及主轴箱的左右水平运动，除正常的 400mm 工作行程外，还有预定的 550mm 的换刀行程；Z 轴的运动为驱动刀具主轴箱的垂直上下运动，其 Z 轴工作行程为 350mm，主轴鼻端至工作台面（水平时）的距离为 120~470mm；Y 轴的运动为带动 AC 双摆台在龙门框架内的前后水平运动，其工作行程为 550mm；X、Y、Z 三轴的快移速度为 36m/min，进给速度为 1~12m/min。A、C 轴则为摇篮式双摆台的回转运动，其运动速度分别为 13.3r/min 和 22.2r/min。

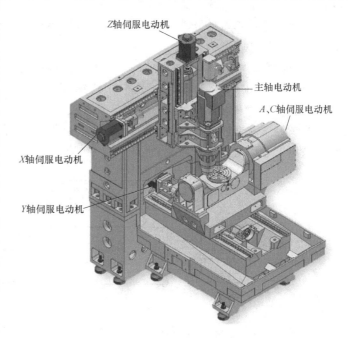

图 2-1-5　JT-GL8-V 五轴联动加工中心各运动轴的结构布局

该机床的 X、Y、Z 三轴采用双固定滚珠丝杠，通过预拉消除丝杠自身的传动间隙，能较好地预防使用中因温升导致的热变形。通过无齿隙弹性联轴器，直连伺服电动机与滚珠丝杠，可有效提升机床的定位精度。三轴采用直线重载型滚柱线轨导轨，通过预紧处理达到零间隙及满载荷的能力，摩擦系数低，驱动的定位精度高。其 X、Y、Z 三轴的定位精度为 ±0.005mm，A 轴定位精度为 45″，C 轴定位精度可达 15″。

单元二　认知 HNC-848 数控系统

一、HNC-848 数控系统的组成与控制原理

HNC-848 数控系统的硬件平台向下与伺服驱动、PLC（可编程序控制器）模块、I/O 模块等机床动作的执行单元相接，向上为操作系统软件、控制软件、应用软件、管理软件等提供运行载体和计算资源。HNC-848 数控系统不仅需进行多轴、多通道、复合加工控制的强实时计算，还需实现直观的 3D 复杂零件加工程序的校验和动态机床防碰监测等大数据量实时计算，且其与伺服驱动器等外设之间的通信数据量大而频繁，因此摒弃了现有的模拟量或脉冲串方式的信号传输方式，采用现场总线式的数字通信方式，满足了高速、高精度加工所要求的实时和同步性能。

HNC-848 采用现场总线接口多处理器结构的硬件平台，其硬件结构框图如图 2-2-1 所示。硬件平台采用三个处理器及一片处理速度极快的现场可编程序逻辑门阵列（FPGA），各自的任务分配如下：

1）处理器 1 为通用工业计算机，具有计算机的所有外设接口，可工作于 Windows、WinCE 或 Linux 操作系统，具体任务为人机交互、文件管理、网络通信等。采用通用计算机，可继承通用计算机的开发平台及其丰富的软件资源，有利于系统升级换代，更有利于提高开发速度。

2）处理器 2 可采用高性能 X86 系列处理器，也可以采用高性能数字信号处理器（Digital Signal Processing，DSP）或进阶精简指令集处理器（Advanced RISC Machines，ARM）等嵌入式微处理器，工作于 Linux 或嵌入式操作系统，承担数控程序中的解释、插补及位置控制等实时性较强的任务。处理器 1 和处理器 2 之间的数据传输实时性要求不太高，通常可采用工业以太网进行数据通信。

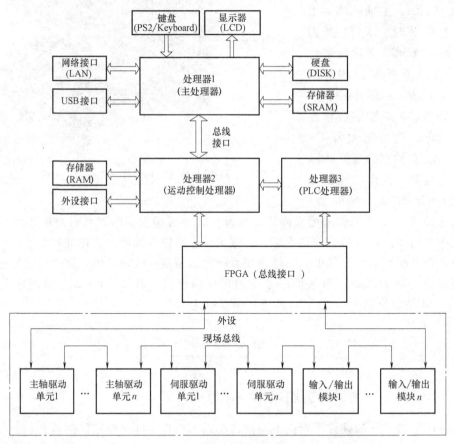

图 2-2-1　HNC-848 现场总线接口的多处理器硬件结构框图

3）处理器 3 为高性能 DSP 或 ARM 等嵌入式微处理器，是专用于数控装置 PLC 程序的处理器，其目的是提高 PLC 程序的运行和对外的响应速度，最快响应时间可达微秒级。其输入输出数据经 FPGA 由现场总线完成。处理器 2、处理器 3 与 FPGA 之间的数据通信采用 32 位高速并行总线接口。

4）FPGA 的主要任务是完成现场总线的通信，外接伺服驱动器和主轴驱动器、PLC 等。处理器 2 的插补命令及处理器 3 的 PLC 处理结果通过现场总线输出，同时伺服驱动器和主轴驱动器、PLC 的有关输入信息通过现场总线输入到处理器 2 和处理器 3 中。另外，数控装置还可以通过现场总线对伺服驱动系统等外设进行参数设置、参数辨识、参数自整定等工作，从而可以减少伺服驱动系统的调试时间，提高伺服驱动系统的性能。

5）现场总线。工业以太网以其低廉的价格以及广泛的用户群已经成为工业控制用现场总线的发展方向，IEC61158 第四版关于现场总线的 20 种标准中有近一半的总线采用工业以太网的物理层标准，通过在硬件平台上开发不同的现场总线接口模块及通信协议，从而实现不同类型的现场总线。

二、软件系统结构及其基本控制功能

图 2-2-2 是 HNC-848 数控系统的软件层次结构及接口示意图。由多处理器集成的硬件平台和实时多任务操作系统软件平台提供 64 位运算支持，提供软件与总线的高速数据交换接口以及基于优先级的可抢占强实时多任务的调度机制。

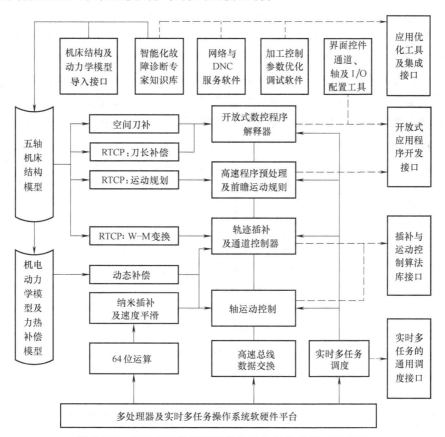

图 2-2-2　HNC-848 数控系统软件层次结构及接口示意图

针对数控软件中计算和控制任务对实时调度的需求，对操作系统的内核进行改造，缩短中断响应时间，保证周期性的任务被准时执行，对轴运动控制任务、轨迹插补及通道控制任务、高速程序预处理及前瞻运动规划任务、数控程序解释任务等按不同优先级进行统一调度。同时，针对用户在二次开发时有时需要创建专用的实时任务的需求，对上层软件提供实时多任务的通用调度接口，形成高档数控装置体系结构在操作系统任务调度层面的二次开发接口规范。

在实时操作系统内核层，开发数控系统现场总线主站接口的驱动程序，实现核心控制软件与现场总线主站的高速数据交换。

HNC-848 数控系统将最小长度控制单位设定为纳米，其重复定位精度达到微米级，实现了机床高加速度时的速度平滑性能。控制软件在轨迹插补和轴运动控制模块中提供了动态补偿接口，以供机床厂导入机床的机电动力学模型和力热补偿模型，在加工过程中通过传感器采样和编码器反馈，实时完成误差补偿，达到高的定位精度和重复定位精度。

在轨迹插补及通道控制器中，集成各种样条曲线以及常见解析曲线的插补算法，结合单轴的运动控制算法，设计出插补与运动控制算法库接口，形成高档数控装置体系结构在多轴联动控制层面的二次开发接口规范。

在 RTCP 控制技术方面，HNC-848 数控系统将各种常见结构形式的五轴机床结构模型引入程序解释、运动规划和轨迹插补三个模块中，除了程序解释模块中实现通常意义上的 RTCP 长度补偿外，采用在插补后才进行工件坐标系（Workpiece Coordinate System，WCS）到机床坐标系（Machine Coordinate System，MCS）的插补点变换（RTCP：W-M 变换）的方法，使得每一个插补点的位置都在编程轨迹上，消除了插补过程的非线性误差。进一步地，在程序预处理前瞻运动规划中，把工件坐标系下的指令速度、加速度变换到机床坐标系中，进行约束校验，以保证实际物理轴的速度和加速度不出现超调，通过这种 RTCP 运动规划技术实现加工速度的平滑控制。

把数控程序解释和前瞻运动规划等插补前的处理功能封装，与图形化人机界面的控件以及对配置系统的通道、轴、I/O 模块的工具一起，对外提供应用程序开发接口，形成高档数控装置体系结构在应用软件层面的二次开发接口规范。

除此以外，HNC-848 数控系统还提供了一系列简化现场调试和加工操作的辅助工具。智能化的故障诊断知识库协助使用者迅速定位故障原因，减少故障修复时间。网络与分布式数控（Distributed Numerical Control，DNC）服务软件提供数控系统与企业局域网联网的服务，在实现生产资源管理的同时，用以太网实现超大容量程序的 DNC 加工。控制参数优化调试软件协助伺服参数的调试及整定，为工程调试人员提供方便的调试工具。这些面向应用优化的辅助软件，除了作为独立的工具软件供用户选择外，还提供集成接口，形成高档数控装置体系结构在辅助工具软件层面的集成接口规范。

HNC-848 数控系统的基本控制功能见表 2-2-1。

表 2-2-1 HNC-848 数控系统的基本控制功能

功能类别	基本控制功能
CNC 功能	最大控制轴:9 进给轴+4 主轴。联动轴数:9 轴
	最小插补周期:0.125ms。最小分辨率:10^{-6}mm/(°)/in[①]
	最大移动速度:999.999m/min(与驱动单元、机床相关)

（续）

功能类别	基本控制功能
CNC 功能	直线、圆弧、螺纹、NURBS 插补功能、参考点返回
	自动加减速控制（直线/S 曲线），坐标系设定
	MDI 功能，M、S、T 功能，加工过程图形仿真和实时跟踪
	内部二级电子齿轮，固定铣削循环
	小线段最大前瞻段数：2048。程序段处理速度：7200 段/s
CNC 编程功能	最小编程单位：10^{-6} mm/（°）/in①
	最大编程尺寸：999999.999mm（最小编程单位为 10^{-3} 时）
	最大编程行数：20 亿行，公/英制编程
	绝对/相对指令编程，宏指令编程
	子程序调用，工件坐标系设定
	平面选择，坐标旋转、缩放、镜像
插补功能	直线插补，最大 9 个轴
	圆弧插补，螺纹切削
刀具补偿功能	刀具长度补偿，刀尖半径补偿，RTCP
操作功能	15in LED 彩色液晶显示屏，防静电薄膜面板与机床操作面板
	PC 标准键盘接口，手持单元（选件）
	图形显示功能与动态实时仿真，网络通信功能
进给轴功能	无限旋转轴功能，最高设定速度为 999999.999mm/min
	进给修调 0%~120%，快移修调 0%~100%，每分钟进给/每转进给
	多种回参考点功能：单向、双向，快移、进给加减速设定
	最大跟踪误差设定，最大定位误差设定
主轴功能	主轴速度：可通过 PLC 编程控制（最大 999999.999r/min）
	主轴修调：0%~150%，主轴速度和修调显示
	变速比和变速比级数可通过 PLC 编程控制，主轴编码器接口（通过总线式 PLC I/O 单元扩展）
	螺纹功能，主轴定向，刚性攻螺纹
辅助功能	冷却液开/停，自动换刀，主轴正反转
PLC 功能	内嵌式 PLC，梯形图在线监控，就近选刀功能
	标准铣床梯形图程序，在线/离线编程与调试功能

① in：英寸，1in = 0.0254m。

三、五轴控制功能特点及编程支持

HNC-848 数控系统在五轴加工方面支持 RTCP 功能、多种五轴编程格式，支持倾斜面加工功能，支持法向进退刀，能进行实时刀具补偿的自动计算，从而简化五轴定向加工的编程。其带 3D 刀路仿真检查模块时支持 STL 格式毛坯模型、刀具模型，能实时检测干涉实现防止碰撞的预警。

1. 旋转轴角度和旋转轴矢量编程控制

HNC-848 数控系统除可直接使用 G01/G00 X_　Y_　Z_　A_　B_　C_ 格式同时指定 A、B、C 旋转轴角度外，也可通过使用 G01/G00 X_　Y_　Z_　I_　J_　K_ 的格式以指定程序段终点的刀轴在工件坐标系中的方向矢量（I，J，K）的形式实施五轴移动控制，从而为编程方式带来更多的灵活性，如图 2-2-3 所示。

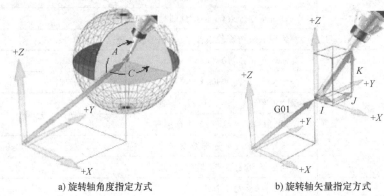

a) 旋转轴角度指定方式　　　　b) 旋转轴矢量指定方式

图 2-2-3　旋转轴编程的两种设定方式

2. 五轴旋转运动的定向插补控制

和传统三轴直线运动的插补控制不同，五轴旋转运动时的插补有线性插补 G140、大圆插补 G141 及样条插补 NURBS 等几种控制方式。

（1）线性插补　五轴线性插补中，旋转轴插补就是建立直线轴位移增量与旋转角增量的同比例映射关系。这种插补方式下，在旋转的运动过程中，只能控制刀具中心点位置，而无法控制刀轴方向。如图 2-2-4 所示，在从一个起始刀轴角度 1 到结束刀轴角度 2 的线性插补中，所需旋转轴运动将被分成几等分，但刀轴矢量并不会在一个既定的平面内，其运动类似于圆锥面形式，因此，不可用于圆周铣削加工。旋转轴编程方式下，默认为线性插补方式，在启用其他插补控制方式后，可用 G140 切换到线性插补控制方式。

（2）大圆插补　大圆插补是基于刀轴旋转方式开发的一种插补方法，该方法使得在两个编程点之间插补的刀轴轨迹总是在同一平面圆弧上。如图 2-2-5 所示，该平面是由起始刀轴矢量 1 和结束刀轴矢量 2 构成的。由于其在空间球面上刀轴的轨迹是在两个刀轴形成的大圆弧上摆动，因此称为大圆插补。大圆插补时每个旋转轴都按等角趋进，通常可用于倾斜平面壁的精修。要采用大圆插补控制方式，必须使用 G141 进行指定。

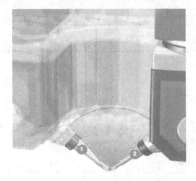

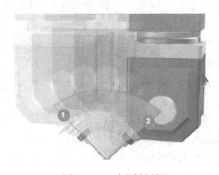

图 2-2-4　旋转轴线性插补　　　　　　　　　图 2-2-5　大圆插补

3. 刀具中心点控制（RTCP）和工件旋转中心控制（RPCP）

RTCP 即五轴机床旋转刀具中心点控制，简单来说，就是当刀具轴指向改变时，刀具加工点位置保持不变。

RTCP 功能包括三维刀具长度补偿、三维刀具半径补偿以及工作台坐标系编程。

（1）三维刀具长度补偿 在五轴机床加工中，旋转轴的加入和机床结构的误差，会导致刀具中心（刀位点）的轨迹发生改变。不使用 RTCP 功能时，刀具围绕着旋转轴中心（控制点）旋转，刀位点将移出偏离设定点，如图 2-2-6a 所示；使用 RTCP 功能时，一边改变刀具的姿态，一边进行实时三维刀具长度补偿，即使刀具相对工件的方向改变，刀位点仍将停留在设定点，即旋转刀轴姿态的变化是围绕刀位点实现的，如图 2-2-6b 所示。当旋转轴运动时，系统会自动实时进行刀具长度补偿，从而保证刀位点沿着指定的编程路径移动，如图 2-2-6c 所示。使用 RTCP 功能将使程序编制具有更灵活的适应性，改变机床结构参数并不需要重新生成 NC 程序。

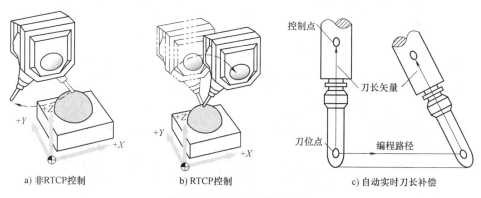

a) 非RTCP控制　　　　　　b) RTCP控制　　　　　　c) 自动实时刀长补偿

图 2-2-6　RTCP 控制的实现

（2）三维刀具半径补偿 在轮廓加工过程中，由于刀具总有一定的半径，刀具中心的运动轨迹并不等于所需加工零件的实际轮廓。在进行 2D 内外轮廓加工时，刀具中心偏移零件内外轮廓表面一个刀具半径值，这种偏移即称为刀具半径补偿。三轴联动数控机床具备的刀具半径补偿功能为二维补偿，只能在指定的加工平面上进行，如在 G17 平面上执行 X、Y 坐标偏置。高档多轴联动数控系统一般具备三维刀具半径补偿功能，在三维偏置方向确定后，刀具移动实现三维转换的补偿计算。

（3）工作台坐标系编程 工作台坐标系编程，是指可以在随工作台一起旋转的坐标系中指定刀具位置。在五轴加工中，有关的坐标系主要包括三种：机床坐标系、工件坐标系和工作台坐标系。其中，工件坐标系始终与机床坐标系平行，工作台坐标系则与工作台固连在一起并随着工作台一起旋转。使用工作台坐标系编程不仅可以简化 CAM 编程，而且能取得更好的加工质量和更高的加工效率。

HNC-848 数控系统最多可以支持三直线轴+四旋转轴机床结构，扩展性强，可根据机床结构类型以及标定的结果，将机床结构参数填入通道参数中，系统即可根据机床结构模式进行相应的 RTCP 控制计算。

RPCP（Rotation Around Part Center Point）是工件旋转中心控制，其意义与 RTCP 功能类似，不同的是该功能是补偿工件旋转所造成的平动坐标的变化。一般来说，RTCP 功能主要应用在双摆头结构形式的机床上，而 RPCP 功能主要应用在双转台形式的机床上。

4. 倾斜面的坐标定向

HNC-848 数控系统支持在倾斜面上建立特性坐标系，由此实现倾斜面的坐标定向功能。它通过基于特性坐标系的坐标变换，使加工面总是垂直于刀轴方向，其加工编程可直接在该坐标系下进行，从而能非常方便地实现不同方向斜面上相应的加工，如钻孔、镗孔和铣削等。如图 2-2-7 所示，系统中可设置 16 个特性坐标系，可在任意平面上建立特性坐标系，然后在程序中使用 G68.1 指令来选择使用哪一个特性坐标系。由于特性坐标系与斜面相适应，因此在斜面上的编程与平面上的编程同样简单。

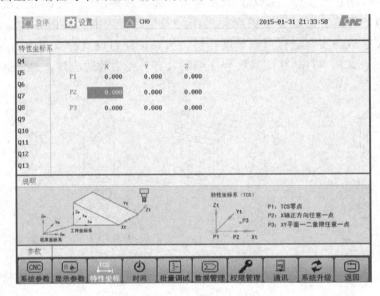

图 2-2-7　HNC-848 数控系统的特性坐标系设置功能

5. 法向进退刀控制

如图 2-2-8 所示，HNC-848 数控系统在通过 G68.1 指令使用特性坐标系的基础上，可以使用 G53.2 指令来控制刀具轴摆动到与特性坐标系 Z 轴平行的方向，并可采用 G53.3 指令实现法向进退刀控制。开启 RTCP 后，通过 G 代码或手动/手轮方式控制，刀轴方向自动垂直于加工面，能轻松地实现法向进退刀控制。

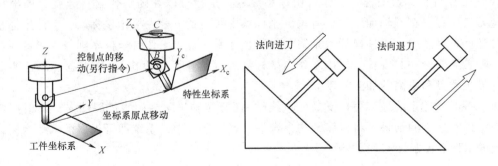

图 2-2-8　刀具轴方向控制功能

6. 防碰撞功能

如图 2-2-9 所示，HNC-848 数控系统内嵌的 3D 刀路仿真检查模块支持 STL 格式的机床、刀具及毛坯模型导入，支持建立刀具和工作台传动链，能实时检测干涉，提前报警，防止碰撞。

7. 刀具长度自动测量功能

如图 2-2-10 所示，HNC-848 数控系统提供刀具长度自动测量功能，可实现刀库中各刀具的长度自动校准、测量，能将测量结果自动导放到刀补表中。

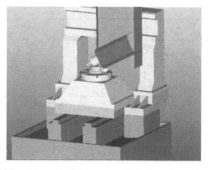

图 2-2-9 内嵌的 3D 刀路仿真检查功能

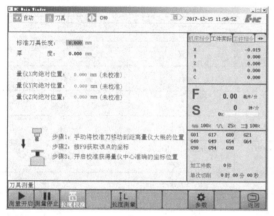 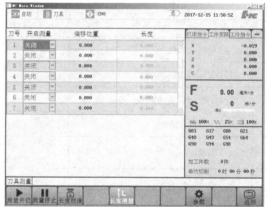

图 2-2-10 刀具长度自动测量功能

HNC-848 数控系统在某些关键技术及性能指标上已接近或达到世界上最先进的 SIEMENS 840D、FANUC 300is 等高档数控系统的水平。其主要性能指标对比见表 2-2-2。

表 2-2-2 HNC-848 数控系统与世界上先进数控系统的性能指标对比

功能/性能	FANUC 300is	SIEMENS 840D	HNC-8
最小插补周期/ms			0.125
程序前瞻预读/段	1000	≥500	2000
程序段处理速度/(段/s)	5000		3000
位置分辨率/nm	1	10	1
多通道(车铣)复合加工	有	有	有
控制通道数	10	10	8
最大总控制轴数	32	31	32
最大控制主轴数	8		8
每通道最大联动轴数	24	6	8
双轴同步控制	12	有	有
数字伺服串行总线接口	FSSB	Profibus	NCUC 100Mbit/s
纳米级高精度插补	有		有

（续）

功能/性能	FANUC 300is	SIEMENS 840D	HNC-8
样条曲线插补	NURBS	NURBS 三次多项式	有
曲面插补	有	有	有
运动轨迹平滑	有	有	有
加速度控制（自动加减速控制）	直线/指数型	直线/指数型	梯形/S 形加减速
空间刀具补偿	有	有	有
机床空间几何误差、动态误差和热变形补偿	有	有	有
智能化编程、加工及故障诊断	有	有	有
远程监控及故障诊断	有	有	
IEC61131-3 标准 PLC 编程		有	有
加工区域保护和三维防碰撞	有	有	
旋转刀具中心点编程	有	有	
最小编程单位/[mm/(°)]	0.001~0.000001 可选择	0.001~0.00001 可选择	0.000001
最大编程尺寸（最大指令值）	±9 位数字	±9 位数字	±9 位数字
快速进给速度（对应最小设定单位 0.001mm/0.0000001mm）	999m/min	999m/min	999.999m/min
控制机床类型	车、铣、钻镗、磨、切割、冲、激光、复合	车、铣、钻镗、磨、切割、冲、激光、复合	车、铣、车铣复合、加工中心、五坐标机床

单元三　认知 JT-GL8-V 五轴联动加工中心的面板

一、数控系统软件界面与菜单项功能

图 2-3-1 所示为 HNC-848 数控系统软件界面显示及菜单操控面板。界面显示区底部和右侧为菜单软键控制区，用于各项菜单功能为选择。根据不同控制功能的需要，可使主要显示区分别显示加工位置坐标、程序文字内容、系统参数设置及切削仿真图形等各类信息，辅助信息（如当前坐标、切削速度、当前模态等）将在辅助显示区域显示。采用 15in LED 液晶显示屏，通过合理布局设计使界面中可同时显示大量的信息。除可采用菜单软键外，还支持指点触控板的鼠标控制。该软件各菜单项具有的功能如下：

程序：用于新建程序、选择已有的程序并进行编辑修改，或复制外部程序并进行程序文件的管理。图 2-3-2 所示为程序选择及选用程序文件后等待后续操作的界面。

设置：如图 2-3-3 所示，用于设置工件坐标系零点（可采用直接输入、提取位置坐标或通过对刀找正计算等多种方式）及各类参数（系统参数、显示参数、系统时间及通信端口参数等）。

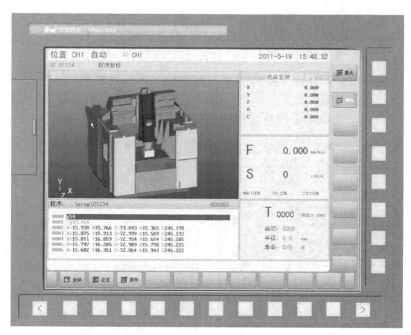

图 2-3-1　HNC-848 数控系统软件界面显示及菜单操控面板

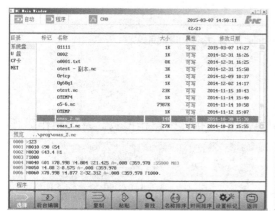

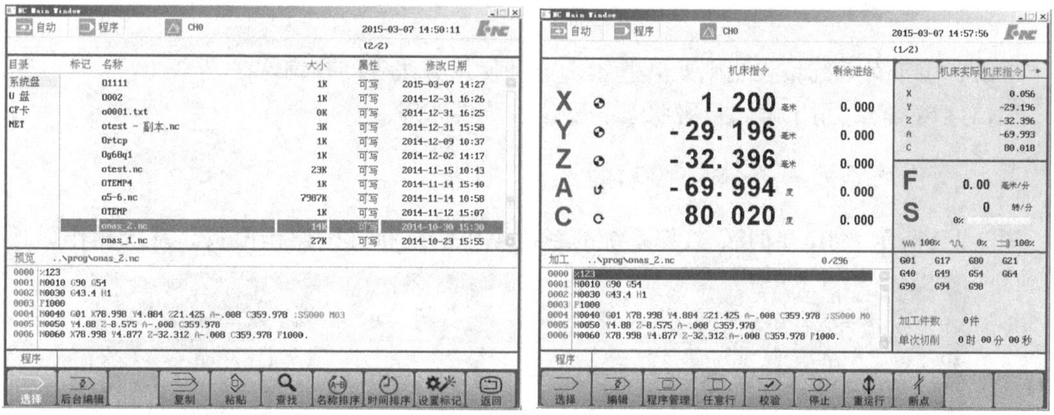

图 2-3-2　程序操作界面

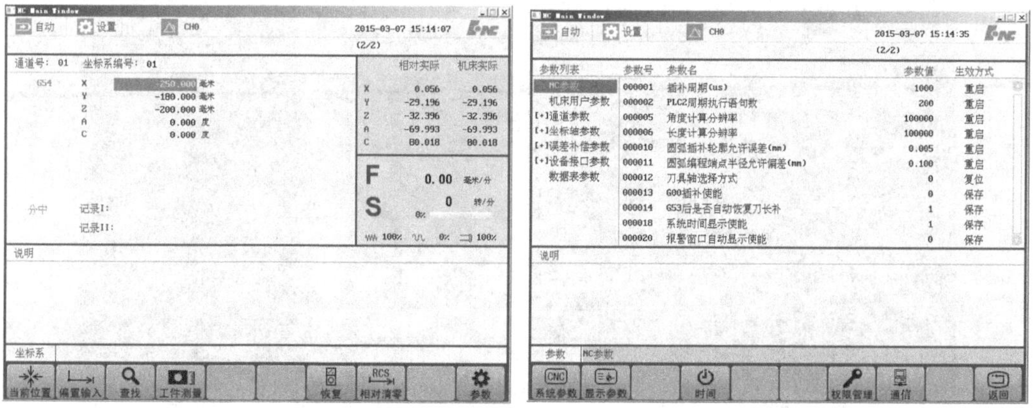

图 2-3-3　系统设置操作界面

MDI：用于手动数据录入功能操作，是即时从数控面板上输入一个或几个程序段指令并立即实施的运行方式，常用于系统部件性能检查、模态查询及即时调试等。

刀补：用于刀库管理和刀具补偿设置，如图 2-3-4 所示。

诊断：用于故障警示信息的诊断及其 PLC 状态的监控与调试等，如图 2-3-5 所示。

位置：用于当前刀具坐标位置、所执行的程序行或刀具轨迹图形等状态的监控显示。

参数：与"设置"菜单项中的参数项功能相同。

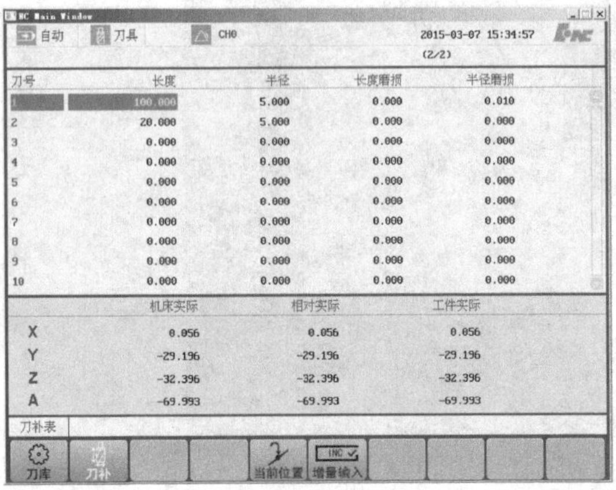

图 2-3-4　刀具补偿设置操作界面 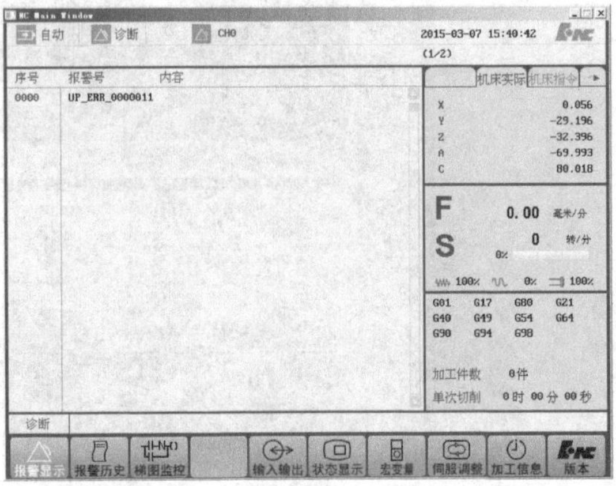　　　　　图 2-3-5　系统故障诊断操作界面

帮助：用于对系统编程规则及其基本功能和使用方法等的查询。

复位（Reset）：用于解除报警状态、复位系统模态等。

二、操作面板及其基本操控功能

图 2-3-6 所示为 HNC-848C 数控系统的系统操作面板和机械操作面板。系统操作面板上

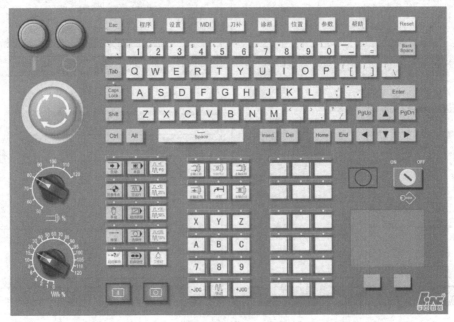

图 2-3-6　HNC-848C 数控系统的操作面板

分布有主菜单项快速切换功能键（程序、设置、MDI、刀补、诊断、位置、参数及帮助信息等），编辑和设置操作时所用的地址数字键、光标控制键（上下左右、翻页等）和编辑键（插入、删除、输入）等，采用标准 PC 键盘的布局设计，能让用户快捷方便地配合系统控制软件进行所需的相关工作；机械操作面板上分布有工作方式选择键区（自动、回零、手动连续、增量、单段、空运行、循环启动及进给保持等）、轴运动手动控制键区（主轴启停、主轴定向和点动、冷却液启停、各进给轴及其方向选择等），主轴转速及进给速度的修调采用旋钮控制。

图 2-3-7 所示为 HNC-848B 数控系统及机械操作标准面板。各操作按键的功能说明如下：

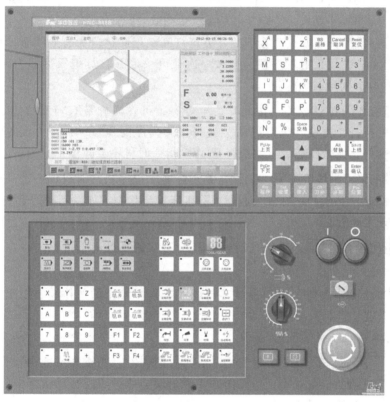

图 2-3-7   HNC-848B 数控系统及机械操作标准面板

1. 工作方式选择（开关/按键）

（1）自动 程序运行的自动加工方式。要自动执行 NC 程序或 MDI 指令时，应选择并按下此功能开关。

（2）回参考点 手动返回参考点方式。机床开机后，应先选择此方式进行手动返回参考点的操作，以初始化机床坐标系统。

（3）手动 手动连续进给方式。手动移动调整各运动轴时，应选择此方式。

（4）增量 手轮或增量进给方式。手动微调或手轮调整各进给轴位置时，应选择此方式。

（5）超程解除按键 当系统出现硬超程报警时，核定超程坐标轴及其方向后，需先按压此键，然后在手动方式下按压反向轴移动键退出超程区间，方可解除超程报警。

（6）　单段方式开关　按下此开关至灯亮，程序运行处于单段方式，每运行一个程序段后都会停止；再按"循环启动"继续执行下一程序段，通常用于程序的检查；再按一次开关断开，灯熄灭后即返回到自动连续运行方式。

（7）　空运行按键开关　按下此开关至灯亮，自动运转将处于空运转运行方式，此时程序执行将无视指令中的进给速度，而按照快移速度移动，但也受到"快速修调"设定倍率的控制，常用于程序加工前的检查；再按一次此开关断开，灯熄灭后即退出空运行状态。空运行时将伴有机械各轴的移动，如果同时按下机床锁定开关，则将以空运行的速度校验程序。

（8）　程序跳段按键开关　按下此开关至灯亮，程序跳段为有效状态，自动运转时将跳过带有"/"（斜线号）的程序段；再按一次此开关断开，灯熄灭后即为跳段无效状态，带"/"的程序段会同样被执行。

（9）　选择停止按键开关　按此开关至灯亮，可在实施带有辅助功能 M01 的程序段后，暂停程序的执行，再按"循环启动"键可接续程序的执行；再按一次此开关断开，灯熄灭后即为选择停止无效状态，下次执行至 M01 指令时将不会暂停。

（10）　机床锁定按键开关　按此开关至灯亮，程序执行时机械不动，仅让位置显示动作；再按一次此开关断开，灯熄灭后即解除机床锁定状态，如果不是处于空运行方式，则程序按设定的速度运行。

（11）　循环启动按键　用于自动运转开始的按钮，也用于解除临时停止，在自动运转时按钮灯亮。

（12）　进给保持按键　用于自动运转过程中临时停止的按钮，一按此按钮，轴移动减速并停止，灯亮。

2. 轴运动倍率的修调（按键/旋钮）

（1）　增量及快进倍率修调按键　当操作方式为增量进给方式时，这些按键为增量进给的倍率选择，当操作方式为手动连续进给或自动运行中的 G00 模式时，这些按键为快速移动修调对应的倍率选择。

（2）进给倍率修调旋钮　如图 2-3-8a 所示，用于 G01、G02、G03 等工作进给模式下的进给倍率修调，此时实际进给速度为当前指定的 F 进给速度模态值与对应档位倍率的乘积。

（3）主轴转速倍率修调旋钮　如图 2-3-8b所示，从 50% 到 120%，以 10% 为 1 档对主轴转速 S 指定的模态值进行修调，用于工作现场根据实际切削状况调整进给切削时的主轴转速。

3. 辅助功能控制操作

（1）主轴启停及正反转控制按键　在手动控制方式下按压主轴正转或反转按键，可使主轴按当前的 S 模态

a) 进给倍率修调　　　b) 主轴转速倍率修调

图 2-3-8　倍率修调旋钮

值进行正转和反转，按主轴停止按键即可中止主轴的旋转。HNC-848 数控系统中主轴的默认 S 模态值为 500r/min，通过 MDI 或自动运行设定了 S 指令数据，则当前的 S 模态值随之改变，实际主轴转速同时也受到主轴修调倍率的控制。

（2）🔲 主轴定向手动控制按键　主轴装刀调整或进行需要做主轴定向相关操作时，可按压此按键，则主轴将自动调整旋转角度，使之处于设定好的角度方位，如使精镗刀尖朝向 +X 方向，或使刀柄定位键槽处于自动换刀装置（ATC）所要求的角度方位。

（3）🔲 主轴点动控制按键　此功能按键可使静止主轴做一次微动调整。

（4）🔲 切削液启停控制按键　按此开关至灯亮，即可手动开启切削液，再按一次至灯熄即关闭切削液。

（5）🔲 照明灯开关控制　按此开关，即可打开机床内工作照明灯，再按一次即可关闭照明灯。

三、基本操作方法

1. 手动回参考点（机床原点）

将操作面板上的操作方式开关置 🔲 "回参考点"方式，然后分别选择各手动轴按键，再按下 🔲 "移动方向"键，则各轴将向参考点方向移动，一直至回零指示灯亮。手动回参考点是开机后必须首先执行的操作，若因某些原因实施过急停操作，解除急停状态后也必须再次进行各轴的回参考点操作，否则程序执行时将产生报警。

2. 刀具相对工件位置的手动调整

刀具相对工件位置的手动调整是采用方向按键通过产生触发脉冲的形式或使用手轮通过产生手摇脉冲的方式来实施的。和普通机床手柄的粗调、微调一样，其手动调整也有两种方式。

（1）粗调　将操作方式开关置于 🔲 "手动连续进给"方式档，先选择要运动的轴，再按轴移动方向按钮，则刀具主轴相对于工件向相应的方向连续移动，移动速度受快速倍率旋钮的控制，移动距离受按压轴方向选择钮的时间控制，即按即动，即松即停。采用该方式无法进行精确的尺寸调整，进行大移动量的粗调时可采用此方法。

（2）微调　位置调整的微调可使用增量或手轮来操作：将方式开关置为 🔲 "增量"方式档，若手轮上的开关处于"OFF"档位，则处于增量微动方式，选按操作面板上的增量倍率按键 🔲、🔲、🔲、🔲 之一，再选择要运动的轴，然后按轴移动方向按钮一次，则刀具主轴相对于工件向相应的方向分别移动 1mm、0.1mm、0.01mm、0.001mm；若手轮上的开关不在"OFF"档位，则处于手轮微动方式，在手轮中选择移动轴和进给倍率，按"逆正顺负"方向旋动手轮手柄，则刀具主轴相对于工件向相应的方向移动，移动距离视进给倍率和手轮刻度而定，手轮旋转 360°，相当于 100 个刻度的对应值。

3. 五轴加工的手动操作

若已由参数 P400 和 P401 正确设置了机床的五轴结构类型，则对于系统支持的机床结构类型，可进行刀具固连坐标系中的手动进给。如图 2-3-9 所示，所谓刀具固连坐标系，是指当刀具位于初始位置（刀轴与机床坐标系 Z 轴平行）时，在刀具上建立的一个与机床坐标系平行的局部坐标系，在刀具的旋转过程中，该坐标系随着刀具一起旋转，始终与刀具固连。不管刀具固连坐标系随着刀具旋转到什么位置，都可以通过手动操作，使刀具沿着刀具固连坐标系的坐标轴移动，移动操作方式包括手轮、JOG 和增量。其操作方法如下：

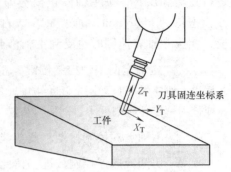

图 2-3-9　刀具固连坐标系

1）通过"手动/增量"→"\"→"刀轴进给"→"开启"操作，开启刀具固连坐标系的进给功能。

2）在刀具固连坐标系进给功能开启后，当使用手轮、JOG 或增量方式移动 Z 轴时，将使刀具沿着刀具固连坐标系 Z 轴方向（即刀具轴线方向）移动，可用于五轴加工的法向进退刀；同样，使用手轮、JOG 或增量方式移动 X、Y 轴时，将使刀具沿着刀具固连坐标系的 X、Y 方向移动。

3）可通过"手动/增量"→"\"→"刀轴进给"→"关闭"操作，关闭刀具固连坐标系的进给功能。

4. MDI 程序运行

MDI 程序运行是指即时从数控面板上输入一个或几个程序段指令并立即实施的运行方式。其基本操作方法如下：

1）置操作控制方式为"自动"。

2）置菜单功能项为 MDI 运行方式，则屏幕显示如图 2-3-10 所示，当前各指令模态也可在此屏中查看。

3）在 MDI 程序录入区可输入一行或多行程序指令，程序内容即被加到番号为%1111 的程序中。按"保存"软键可对该 MDI 程序内容赋名存储，按"清除"软键可清除所录入的 MDI 程序内容。

4）程序输入完成后，按"输入"软键确认，按"循环启动"键即可执行 MDI 程序。

5. 程序输入及自动运行调试

NC 程序输入及自动运行调试的基本操作方法如下：

1）置菜单功能项为"程序"。

2）在图 2-3-2 所示界面中选按"编辑"软键，然后在新建程序处输入程序文件名即可编辑录入加工程序，录入完成后按"保存"软键。

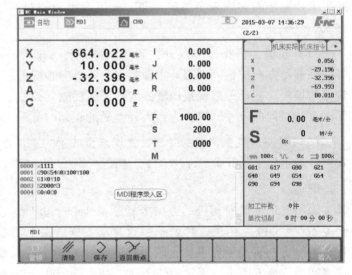

图 2-3-10　MDI 操作界面

3）选择当前编辑的程序或系统盘中已输入完成的程序，对由 CAM 软件编制并转存在外接 U 盘、CF 卡等介质中的程序，可通过复制、粘贴等操作输入到系统盘中。

4）置操作方式为"自动"，并根据需要选按其他工作方式的开关状态。

5）选按"校验"菜单软键可使系统处于校验检查的执行模式，置菜单功能项为"位置"，然后按"循环启动"键，可在不执行机械运动的状况下运行检查所选择的程序。在程序执行的同时，可选按菜单软键进行"坐标""程序正文""轨迹图形"等监控信息的切换。

6）当程序校验检查无误，并完成零件装夹、对刀调整及设置等操作后，可按"重运行"软键，然后按"循环启动"键进行零件加工程序的自动运行。

单元四　学习 RTCP 操作

一、RTCP 功能的含义

五轴机床加工时，程序控制的旋转轴的运动通常是绕其旋转轴心的旋转。例如，图 2-4-1所示的双摆头五轴机床，其刀具中心（刀位点）和旋转主轴头的中心有一个距离，这个距离称为枢轴中心距或摆长。这个距离的存在，导致产生这样一个问题，即如果对刀具中心编程，旋转轴的转动将导致直线轴坐标平移变化，产生一个位移。如前所述，当不使用 RTCP 功能时，若进行直线插补的同时伴有旋转轴运动，其刀心轨迹就会偏离预定的插补直线。要铣削一条不含旋转轴角度变化的直线，整个枢轴保持主轴刀具与 Z 轴方向一致做平行于轨迹直线的运动即可。若同时含有旋转轴角度的改变，在控制枢轴仍做平行于轨迹直线运动的状态下，由于刀轴有绕旋转轴心的偏摆，刀尖会随之出现高低起落的弧形运动，则刀尖轨迹将不再是一条直线而是一条曲线。为了确保刀尖轨迹为一条直线，就必须对该曲线进行补偿。需根据刀尖点到旋转轴心的刀具摆长关系，对所有插补点进行旋转轴角度和旋转轴心点三轴坐标位置的计算，得出枢轴控制点（旋转轴心）的插补轨迹（曲线），然后按此计算结果调整控制枢轴的运动，方可保证刀尖轨迹为指定的直线，这就是通常意义上的刀具中心点 RTCP 控制功能。

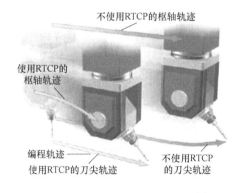
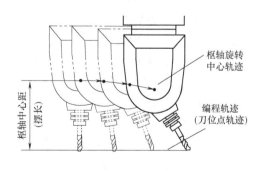

图 2-4-1　RTCP 功能的含义

通常在五轴加工中处理这种补偿有两种办法：一种是在 CAM 后置处理中添加枢轴中心距后得到预补偿的程序，即由 CAM 实施 RTCP 的预补偿编程，适用于早期无 RTCP 功能的五轴机床；另一种就是由 CAM 输出适合利用机床 RTCP 功能而未做补偿的程序，然后在机床系统中启用 RTCP 功能，由机床实施 RTCP 补偿的计算控制。对不具备 RTCP 功能的五轴机床，在编制五轴加工程序时，必须知道枢轴中心距，需根据枢轴中心距和旋转角度计算出 X、Y、Z 的直线补偿后编程，以保证刀具中心处于所期望的位置。此外，实际运行时必须要求五轴机床的枢轴中心距值正好等于编程计算时所采用的数值，一旦刀具长度在换新刀等情况下发生了改变，原来的程序数据就都不正确了，需要重新进行后处理，因此给实际使用带来了很大的麻烦。若五轴机床具备 RTCP 功能，则系统能根据被加工曲线在空间的轨迹，保持刀具中心始终在被编程的 X、Y、Z 坐标位置上，由旋转角度变化可能导致刀具中心的 X、Y、Z 直线位移将被转换成枢轴旋转中心的 X、Y、Z 位移变化，即自动对旋转轴进行补偿。这一坐标变换由机床系统控制器来计算，加工程序可以保持不变。CAM 编程时可直接按刀具中心的轨迹实施程序输出，而不需考虑枢轴中心的位置，枢轴中心距是独立于编程的，是在执行程序前通过 RTCP 标定（现场实测后在机床系统中输入）赋予的。

对于以工件旋转实现五轴加工的双摆台五轴机床，这种补偿功能则称为 RPCP，即基于工件旋转中心的编程。其意义与上述 RTCP 功能类似，不同的是该功能是补偿工件旋转所造成的平动坐标的变化。不同结构模式的机床，其转换控制的算法不同。可根据机床结构类型以及 RTCP 标定的结果，将机床结构参数（摆头式机床的摆长、摆台式机床的轴间偏置等）填入通道参数中，系统即可根据机床结构模式进行相应的 RTCP 控制计算。HNC-848 数控系统在 RTCP 控制技术方面，已将 10 种常见结构形式的五轴机床结构模型引入程序解释、运动规划和轨迹插补三个模块中，除了程序解释模块中实现通常意义上的 RTCP 长度补偿外，还采用在插补后才进行工件编程坐标系到机床坐标系的插补点变换（RTCP 的 W-M 变换）的方法，使每一个插补点的位置都在编程轨迹上，能有效消除插补过程中的非线性误差。

二、机床 RTCP 结构参数的标定

对 JT-GL8-V 双摆台五轴机床而言，RTCP（或 RPCP）需要标定的参数包括：C 转台中心位置，A、C 轴线间偏移矢量。如图 2-4-2 所示，预先测量出 C 转台上表面中心在机床坐标系中的坐标（$X0$、$Y0$、$Z0$）、A 轴回转轴线和 C 轴回转轴线在 Y 轴方向的偏置距离 y_f 及 Z 方向的偏置距离 z_f，然后将这些数据输入到机床系统参数中，供系统实施 RTCP 功能时作为补偿换算用。

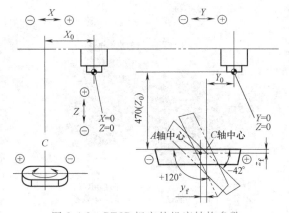

图 2-4-2　RTCP 标定的机床结构参数

1. C 转台中心位置的测定

（1）C 转台中心 X、Y 坐标的测定　将电子寻边器像普通刀具一样装夹在主轴上，其柄部和触头之间有一个固定的电位差。当触头与金属工件接触时，即通过床身形成回路电流，电子寻边器上的指示灯就被点亮。逐步降低步进增量，使触头与工件表面处于极限接触（进一步即点亮，退一步则熄灭），即认为定位到工件表面的位置处。具体操作为：如图 2-4-3 所示，调整 A、C 轴至 0°方位，使 C 转台置于水平位置，然后移动 X、Y 轴使电子寻边器先后定位到 C 轴转台正对的两

侧表面，记录下对应的 $X1$、$X2$、$Y1$、$Y2$ 机床坐标值，则对称中心在机床坐标系中的坐标应是 $[(X1+X2)/2, (Y1+Y2)/2]$。这一操作可使用系统提供的分中对刀功能，即在图 2-4-4 的设置界面中，当定位到左右侧表面时分别按"记录 A"和"记录 B"软键，然后移动 G54 的光标至 X 处，再按"分中"软键即可自动完成 X 向对称中心的 G54 坐标设置；同理，当定位到前后侧表面时分别按"记录 A"和"记录 B"软键，然后移动 G54 的光标至 Y 处，再按"分中"软键即可自动完成 Y 向对称中心的 G54 坐标设置。

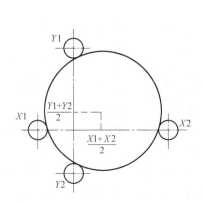

图 2-4-3　C 轴中心 X、Y 坐标的找正

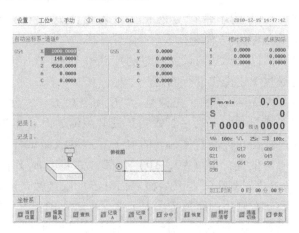

图 2-4-4　分中对刀的 G54 设定

（2）C 转台上表面的 Z 坐标测定　C 转台上表面的 Z 坐标测定用于测量其与主轴下端面接触时，C 转台上表面在机床坐标系中的坐标值数据 $Z0$。可直接用 Z 轴电子对刀设定器进行测定，具体操作为：如图 2-4-5 所示，调整 A、C 轴至 0° 方位，使 C 转台置于水平位置，置标准高度为 50mm 的 Z 轴电子对刀设定器于 C 转台上表面，先进行 Z 向回零后再用手轮移动 Z 轴至主轴下端面接触 Z 轴电子对刀设定器的测头，微调手轮移动单位为"×1"档后，使测头与主轴下端面处于极限接触状态，记录此时的机床坐标 Z 值（负值），则 C 转台中心 Z 坐标应为 $Z0 = Z - 50$。

2. A、C 轴线间偏移矢量的测定

对于 A、C 轴线的 Y 向偏移矢量 y_f 和 Z 向偏移矢量 z_f，可通过已知尺寸的测试块进行测定计算得出。如图 2-4-6 所示，若已知测试块高度为 H，从中心到某侧表面的距离为 L（可

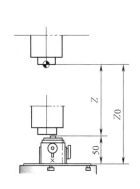

图 2-4-5　C 轴中心的 Z 坐标测定

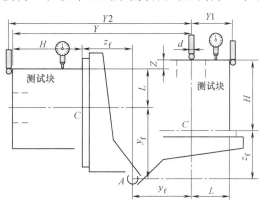

图 2-4-6　A、C 轴间偏移 y_f、z_f 的测定

现场实测出），根据测试块由 $0°$ 到 $90°$ 的旋转变换，图示应存在如下计算关系：

$$|Y| = H + z_f + y_f$$
$$|Z| = H + z_f - (y_f + L)$$

由此，即可计算得出：

$$y_f = (|Y| - |Z| - L)/2 \qquad\qquad (2\text{-}1)$$
$$z_f = (|Y| + |Z| + L)/2 - H \qquad\qquad (2\text{-}2)$$

式中，L、H 为不带符号的正数，若由上式计算得出 y_f、z_f 为负值，表示其偏置方向与图 2-4-6 中指示方向相反。

按照以上算法，仅需通过测定获得 Y、Z 数据即可得出 AC 轴线间偏移矢量。其 Y、Z 数据可通过下述操作进行测定。

如图 2-4-6 所示，先调整 A、C 轴至 $0°$ 方位，使 C 转台处于水平位置，装夹固定好高度为 H 的测试块，并通过打表找正使其后侧表面（图 2-4-6 中右侧边）与 X 轴平行。在主轴上装夹一把已知标准直径为 d 的电子寻边器或测试杆，然后移动机床至 C 轴转台中心正对主轴中心的位置，即（$X0$，$Y0$）位置，并将当前 Y 轴坐标相对清零。调整移动机床使刀具（电子寻边器测头）与其后侧表面处于极限接触，记录此时的 Y 轴相对坐标 $Y1$（正值），则从中心到右侧边的距离 $L = Y1 - d/2$。转动 A 轴至 $90°$ 方位，使测试块顶面处于垂直位置，后侧表面处于水平位置，调整移动机床使刀具（电子寻边器测头）与垂直后的顶面（图中左侧边）处于极限接触，记录此时的 Y 轴相对坐标 $Y2$（负值），则图 2-4-6 中数据 $Y = |Y2| - d/2$。

使用百分表（或 Z 轴对刀设定器）先找正转台处于 $0°$ 方位时测试块上表面的位置，然后将当前 Z 坐标相对清零，移开百分表后再转动 A 轴至 $90°$ 方位，找正测试块呈水平方位的后侧表面位置，记录此时的 Z 轴相对坐标 $Z1$，即为图中数据 $Z = |Z1|$。

根据实测的 L、Y、Z 及已知测试块高度 H，即可按式（2-1）和式（2-2）计算出 y_f、z_f。此处 y_f 是指 A 轴回转轴线和 C 轴轴线在 Y 方向上的偏移距离，z_f 是指 A 轴回转轴线和 C 轴转台上表面之间的偏移距离，它仅是 RPCP（或 RTCP）补偿换算的基础数据，是与使用夹具及工件结构类型无关的原始数据。在实际工件加工中，RPCP 的 A、C 轴线的 Z 向偏移矢量应按工件编程用 $Z0$ 平面（如工件上表面）至 A 轴轴线之间的偏移距离来进行设定，若已知所用夹具厚度、工件厚度，即可直接与 z_f 矢量求和得到。

三、RTCP 功能的手动测试

1. 手动测试的操作方法

当完成机床 RTCP 结构参数的标定后，即可手动进行 RTCP 功能测试，以验证参数测定的准确性及 RTCP 功能的实施效果。测试时，需要先在 MDI 模式下输入执行启用 RTCP 功能的指令，然后点动旋转轴，使刀具中心点保持在开启 RTCP 功能时的刀位点位置。具体测试可参考如下操作：如图 2-4-7 所示，在主轴刀柄上夹持一个标准球，再在工作台上架好千分表，然后移动机床直线轴沿 $-X$（或 $-Y$、$-Z$）方向使表头接触标准球，找准球头最大点位置后将表头调零，同时设置刀长 $H =$ 球头杆实际长度 $-$ 球头半径；在 MDI 模式下输入并先后执行【G54；G43.4H1】以启用系统 RTCP 功能，接着在手轮模式下实施 A、C 轴的旋转，观察千分表指针的变化，应在允许范围内，同时观察各轴是否联动，查看机床坐标的变化。

2.RTCP 功能测试的原理解析

双摆台机床 RTCP 功能测试的原理就是无论千分表（工件）放置在工作台面上什么位置，当表头调整到与标准球面法向垂直指向球心（球刀球心）时，任意改变旋转轴角度，都能保证表头相对球心的距离不变，即刀位点相对工件位置不改变，因旋转角度变化导致刀具相对工件可能产生的直线位移，将由系统按 RTCP 补偿算法自动转换为工作台旋转中心的 XY 平动及刀轴的 Z 向升降调整。若机床精度较高，当旋转轴摆转时，表头不会固定在球面上某点，而是在球面上滑动，但不会脱离球面。因此，千分表指针只会在精度允许范围内做微小摆动，但工作台（旋转中心）及刀具主轴的 X/Y/Z 会有自动补偿调整的坐标变化。每一点上都能按此计算控制，即可实现五轴的 RTCP 插补加工。

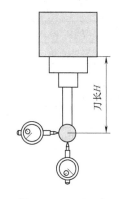

图 2-4-7　RTCP 标准球测试

单元五　学习常见警示故障的处置及机床维护

一、机床使用中的故障警示及其诊断

1. 常见故障类别及故障警示

（1）按数控机床发生故障的部件分类

1）主机故障。此类故障主要包括机械、气动装置、液压装置、辅助装置等的故障。

2）电气故障。此类故障包括弱电部分（CNC、PLC、I/O 设备等电子电路）和强电部分（电动机、变压器、接触器、继电器、行程开关等电气元件及其组成电路）的故障。

（2）按数控机床发生的故障性质分类

1）系统性故障。满足一定的条件或超过某一设定的限度，工作中的数控机床必然会发生的故障。

2）随机性故障。工作时偶然发生一两次的故障，有时称为"软故障"。

（3）按故障发生后有无报警显示分类

1）有报警显示的故障。这类故障分为硬件报警显示和软件报警显示两种。

2）无报警显示的故障。这类故障发生时无任何硬件或软件报警显示。

2. 故障分析与诊断

现代数控机床的故障通常都可参照系统中提供的报警显示信息来进行分析与诊断。

（1）硬件报警显示的故障　硬件报警显示通常是指各单元装置上的警示灯的指示。借助相应部位上的警示灯均可大致判断出故障发生的部位与性质。

（2）软件报警显示的故障　软件报警显示通常是 CRT 显示器上显示出来的报警号和报警信息。由于数控系统具有自诊断功能，一旦检测到故障，即按故障的级别进行处理，同时在 CRT 上以报警号形式显示该故障信息，便于故障判断和排除。

表 2-5-1 是 HNC-8 数控系统工作中由 PLC 控制显示的警示信息一览。

表 2-5-1 中 G3010.0 的伺服报警可转到电柜中伺服驱动器上进一步查看具体报警号，其报警显示见表 2-5-2。

表 2-5-1　由 PLC 控制显示的报警

报警代码	报警号	报警说明
G3010.0	报警 0	伺服报警
G3010.1	报警 1	换刀允许灯亮,禁止转主轴
G3010.2	报警 2	松刀时禁止转主轴
G3010.3	报警 3	主轴定向时禁止转主轴
G3010.4	报警 4	主轴旋转时禁止松刀
G3010.5	报警 5	换刀允许灯亮时,禁止主轴定向
G3010.6	报警 6	快移修调值为零
G3010.7	报警 7	刀库未进到位
G3010.8	报警 8	刀库未退到位,请在手动模式下退回
G3010.9	报警 9	紧刀未到位
G3010.10	报警 10	松刀未到位
G3010.11	报警 11	目的刀号超过刀库范围
G3010.12	报警 12	第二参考点未到位
G3010.13	报警 13	Z 轴/机床锁住不允许换刀
G3010.14	报警 14	第三参考点未到位
G3010.15	报警 15	主轴正反转、回零不允许同时执行
G3011.0	报警 16	主轴为 C 轴时禁止主轴正反转
G3011.1	报警 17	未找到目的刀号
G3011.2	报警 18	扣刀未到位,检查刀臂电动机
G3011.3	报警 19	交换刀未完成
G3011.4	报警 20	回刀臂原点未完成
G3011.5	报警 21	刀松紧报警
G3011.6	报警 22	刀套检查报警
G3011.7	报警 23	机械手不在起始位报警
G3011.8	报警 24	刀套未到位报警
G3011.9	报警 25	刀套未回到位报警
G3011.10	报警 26	主轴报警
G3011.11	报警 27	压力报警
G3011.12	报警 28	冷却报警
G3011.13	报警 29	外部报警
G3011.14	报警 30	刀套未回,请先回刀套(M69)
G3012.0	报警 31	冷却过载
G3012.1	报警 32	气压报警
G3012.2	报警 33	润滑泵过载
G3012.3	报警 34	润滑油位低
G3012.4	报警 35	润滑油压低

（续）

报警代码	报警号	报警说明
G3012.5	报警36	刀库转盘过载
G3012.6	报警37	刀库机械手过载
G3012.7	报警38	液压过载
G3012.10	报警39	A轴未松开到位
G3012.11	报警40	C轴未松开到位
G3012.12	报警41	A轴锁紧未到位
G3012.13	报警42	C轴锁紧未到位

表2-5-2　伺服驱动的报警

报警代码	报警名称	原因及处理方法
0	正常	无报警发生
1	主电路欠电压	①驱动单元三相强电进线是否接触良好 ②主电路电源电压过低
2	主电路过电压	①驱动单元内置制动电阻是否完好 ②外接制动电阻规格、接线是否正确 ③主电路电源电压过高
3	IPM模块故障	①驱动单元散热是否正常 ②系统负载过大 ③查看参数设置是否合适（PA5、PA25及PA26） ④PA2号参数是否设置太大 ⑤电动机动力线是否连接正确 ⑥屏蔽线连接是否完整、可靠
4	制动故障	①驱动单元内置制动电阻是否完好 ②外接制动电阻规格、接线是否正确
5	保留	
6	电动机过热	①电动机温度过高 ②STA-12设置为1,可屏蔽此报警
7	编码器数据信号错误	①编码器电缆是否连接可靠 ②编码器线缆是否太长
8	编码器类型错误	①编码器电缆是否连接 ②PA25号参数设置是否正确 ③确认编码器未损坏
9	系统软件过热	①电动机堵转 ②电动机动力线相序是否正确 ③电动机动力线是否连接牢固 ④PA-26参数设置是否正确？电动机是否飞车
10	过电流	①电动机堵转 ②PA5、PA18、PA19号参数设置是否正确 ③PA26号参数设置是否正确 ④驱动单元负载过大 ⑤驱动单元与电动机是否匹配

（续）

报警代码	报警名称	原因及处理方法
11	电动机超速	①PA17 号参数设置是否正确 ②编码器反馈信号是否正确 ③工作在全闭环模式：查看全闭环反馈脉冲方向是否与半闭环反馈方向一致 ④PB43 号参数设置是否正确
12	跟踪误差过大	①确认编码器信号是否正常 ②PA12 号参数设置是否正确 ③运行参数如 PA27、PA2 参数是否调整合理 ④使用了全闭环，未接全闭环线缆
13	电动机长时间过载	①PA18、PA19 号参数设置是否正确 ②电动机相序是否接反
14	控制参数读错误	重新保存参数
15	指令超频	①给定指令频率超过 PA17 号参数所对应的频率，查看 PA17 号参数设置是否合理 ②查看 PA23 号参数设置是否合理 ③检查系统电子齿轮比、编码器类型或工作模式设置是否正确 ④PB42 及 PB43 号参数设置是否正确
16	控制板硬件故障	①DSP 与 FPGA 通信故障 ②重新保存参数
17	驱动器过热	①驱动单元温度超过设定值（100℃） ②STA15 设置为 1 时可屏蔽此报警
18	保留	
19	A-D 转换故障	A-D 转换数据通信故障或电流传感器故障
20	反向超程警告	驱动单元 CCW 或 CW 输入端子断开
21	正向超程警告	
22	系统自识别调整错误	①惯量识别错误 ②检查运行参数，尤其是 PA18 等参数设置 ③检查系统惯量与电动机是否匹配
23	NCUC 数据帧检验错误	①总线通信故障 ②总线连接是否可靠
24	保留	
25	NCUC 通信链路断开错误	①总线通信断开或不正常 ②复位驱动单元或系统
26	电动机编码器信号通信故障	①绝对式编码器通信故障 ②编码器线缆是否正常连接 ③PA25 号参数设置与电动机编码器是否一致
27	全闭环正余弦编码器信号失真	①全闭环编码器线缆是否正常连接 ②全闭环编码器类型设置是否正确
28	全闭环编码器信号通信故障	①全闭环编码器线缆是否正常连接 ②全闭环绝对式编码器类型设置是否正确
29	电动机与驱动器匹配错误	PA43 号参数的设置是否与所使用的驱动单元及电动机相匹配

二、常见警示故障及其处置

1. 超程报警的分析及处置

常见的"超程"报警有"硬超程"和"软超程"两种。

图 2-5-1 所示为数控机床进给轴软、硬极限位置关系，当手动或自动移动中进给轴运动导致触碰行程开关时就会出现"硬超程"报警，此故障的表象通常应该是进给轴的机械移动超出了允许的运动范围，但引发故障的原因可能是机械问题也可能是电气问题。若出现该报警的位置偏离原始极限位置，则应排查是否因

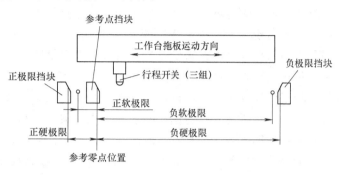

图 2-5-1 软、硬极限的位置关系

极限挡块松动而被重置或行程内有异物，当然也有可能是行程开关本身损坏或信号线破损形成短接而造成系统误判。排查并处置好以上影响因素后，可在按 "超程解除"的同时朝反向移动至行程开关复位即可解除此故障。

而"软超程"报警的表象则是进给轴的机械运动超出了系统参数设置的行程运动范围，软行程极限的设置是为防止出现机械硬性碰撞而先于硬超程报警触发的保护措施，通常应在正常返回参考点建立正确的坐标系之后才起作用。若机械运动出现"软超程"警示时在正常的保护位置，则直接反向移动即可解除，加工编程时应防止机械运动超出软行程极限，以避免出现该故障。

2. 无法正常回零的故障分析及处置

这类故障通常表现为回零时出现"超程"报警或产生机械碰撞。图 2-5-2 所示为机床回零控制的两种基本方式，选择回零方式后按压进给轴回零方向的移动键，机床即开始按预定的方向往参考点快速移动，在参考点开关触点产生通断变化后开始做减速移动。若回零之前进给轴已位于参考点附近，则回零时将会因运动惯性快速冲过参考点挡块并很快到达极限挡块位置而造成"硬超程"报警。因此，应先将该进给轴往行程范围内移至离参考点 50 ~ 100mm 的距离后方可开始进行回零操作。

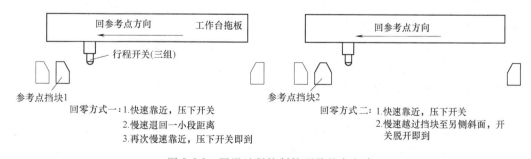

图 2-5-2 回零过程控制的两种基本方式

若回零前虽然进给轴远离参考点位置，但回零时还没到达参考点即出现"硬超程"或

"软超程"报警,则引发"硬超程"报警故障的原因可能是硬超程挡块被放置在参考点挡块之前或系统参数设置的回零方向不正确,引发"软超程"报警故障的原因可能是之前出现过远离实际参考点位置的参考点错误重置。通常回零方向设置为"+",若回零时轴运动方向正确但未能正常回零即出现"正向硬超程"报警,则原因应该是硬超程挡块被放置在参考点挡块之前,需将硬超程挡块被放置在参考点挡块之外方可解除;若回零时轴运动方向不正确且后续出现"负向硬超程"报警,则原因应该是系统参数中回零方向设置不对,需进行回零方向系统参数的重新设置且重启系统方可解除;若始终因正软超程距离限制而无法到达参考挡块处获得正确的参考点,则可先将正软超程的距离设到足可以让拖板移到参考的距离值,待正确返回参考点后再将正软超程恢复为正常设置,且应进一步排查导致参考点错误重置的原因是行程内异物造成误判还是行程开关触点伤损,以避免下次重复出现此类故障。

无法正常回零还有一种特殊故障现象,就是回零时运动速度没有变化且始终很低,最后仍因"超程报警"而终止。出现这一故障的原因可能是参考点开关损坏或导线破损短接而使参考点信号处于常通状态,属于电气故障。此故障应排查短接导线或更换参考点开关方可解除。

3. ATC 装置常见故障分析及处置

加工中心的 ATC 在自动换刀过程中的常见故障包括:主轴松紧刀故障、主轴定向故障、机械手取送刀具故障和刀库故障等。其表象主要为换刀动作不能持续、装卸刀时有异响、掉刀等,可结合表 2-5-1 中 G3010~G3012 各警示代码综合判断。

最常见的换刀动作不能持续的故障是在换刀过程中出现气压不足现象,导致气动控制部件动作不到位从而引发报警。由于 ATC 自动换刀的动作过程是通过 PLC 来设计控制的,要求其动作严格按顺序进行,每一步骤都设计有到位信息检测,因此,根据气压不足时其动作实施的进度,可能出现不同报警信息。伴随着气源处气压的检测,最后还会出现气压不足报警。有的机床系统在换刀过程中出现气压不足报警时,只要未实施"复位"等其他中止换刀的操作,随着气压的恢复就可自动接续完成自动换刀动作,但大多数机床系统则需要人为地实施各动作部件的手工复位操作方可解除报警。

如果故障发生时已产生机械手转位的取送刀具动作,那么首先必须人工将机械手复位,其操作方法是:将操作方式置为"手动"或按下"急停"键,将机械手驱动电动机的控制把手切换为手控方式,然后用扳手拧动电动机尾端的方榫,使电动机轴转动直至机械手恢复到原始位置(确认指示灯处于正常状态的指示),然后解除急停状态。

主轴松紧刀故障的原因除气压不足导致松紧刀气缸动作不到位外,常见的还有长期高负荷使用导致顶刀螺钉因松动而被旋回变短、碟形弹簧破损、气动换向阀损坏等,造成打刀行程不够,夹刀卡爪未能正常松开,无法正常松紧刀,因而出现不能松刀或主轴拔刀时有强制动作而产生异响、紧刀不到位使刀具可在主轴内窜动或掉刀等现象。据此应手动对主轴松紧刀气动装置进行检查调整,更换碟形弹簧或气动换向阀等部件,确保手动松紧刀动作能正常完成。

主轴定向故障主要是定向角度控制不到位,进而使机械手的定位键与主轴刀具上的键槽方位不能对正,机械手将主轴刀具顶住憋死或抓刀不紧,造成刚性撞击损伤或在机械手取刀后持续回转的过程中将刀具甩出。此类故障的原因可能是主轴电动机与主轴间的传动带松动致使定向角度改变,或参数设置改变导致主轴定向角度变化,应手动排查并逐步调整,确保定向角度准确。

机械手方面的常见故障主要是由于保养欠缺，未能及时对其内部的销钉、弹簧等活动部件中活动通道的油污及锈迹进行清洗，致使弹簧失效、销钉不能弹出，夹刀键块运动阻滞而夹刀无力，致使回转过程中将刀具甩出。此类故障通过加强日常维护和保养环节的管理即可预防。

4. 旋转轴未锁紧/释放的警示故障

五轴机床的 A、C 双摆台旋转轴在做三轴加工时可实施气动锁紧，从而保证工作台能承受较大的切削载荷，做五轴联动加工时则必须解锁释放旋转轴。在这些模式间切换时需要正确使用旋转轴锁紧和释放的 M 功能指令（M40 松开 A 轴，M41 锁紧 A 轴，M42 松开 C 轴，M43 锁紧 C 轴），否则就会出现旋转轴未锁紧/释放的警示，见表 2-5-1 中 G3012.10 ~ G3012.13（报警号 39~42）。气动锁紧装置损坏或系统参数设置中未启用锁紧/释放控制功能，也会出现类似的警示，因此应根据具体状况做相应的处置。

5. RTCP 功能中断故障时的法向退刀处置

在使用 RTCP 功能钻孔、攻螺纹或者 Z 轴正方向有干涉加工时，若意外出现中断或者报警，可按下 X484.5 代表的开启 TOOLSET 功能的按键，在手动状态下移动+Z 轴即可实现手动法向退刀功能或者使用手轮移动 Z 轴抬刀，再次按此键则关闭法向进退刀功能。

如果使用 RTCP 功能加工，当 Z 轴正方向无干涉时，可以进入 MDI 模式，输入 G49，取消 RTCP 功能，然后抬刀或者退刀即可。

三、数控机床的日常维护和保养

数控机床各维护期需要维护保养的主要内容见表 2-5-3。

表 2-5-3 数控机床维护与保养的主要内容

序号	检查部位	检查内容			
		每天	每月	六个月	一年
1	切削液箱	观察箱内液位，及时添加	清理箱内积存的切屑，更换切削液	清洗切削液箱、清洗过滤器	全面清洗、更换过滤器
2	润滑油箱	观察油标上的油位，及时添加	检查润滑油泵工作状况，油管接头是否松动或漏油	清洁润滑油箱、清洗过滤器	全面清洗、更换过滤器
3	各移动导轨副	清除切屑，用软布擦净，检查润滑情况及划痕	清理导轨滑动面上的刮屑板	检查导轨副上的镶条、压板是否松动	检验导轨运行精度
4	压缩空气气泵	检查气泵控制的压力是否正常	检查气泵工作状态是否正常，滤水管道是否畅通	空气管道是否渗漏	清洗气泵润滑油箱，更换润滑油
5	气源自动分水器（三点组合）	检查其工作是否正常，观察分油器中滤出的水分，及时清理	擦净灰尘，清洁空气过滤网	空气管道是否渗漏，清洗空气过滤器	全面清洗、更换过滤器
6	液压系统	观察箱体内液压油油位、油压是否正常	检查各阀、油路是否正常畅通，接头处是否渗漏	清洗油箱，清洗过滤器	全面清洗油箱、各阀，更换过滤器

（续）

序号	检查部位	检查内容			
		每天	每月	六个月	一年
7	防护装置	清除切削区内防护装置上的切屑与脏物，用软布擦净	用软布擦净各防护装置表面，检查有无松动现象	检查折叠式防护罩的衔接处是否松动	因维护需要，全面拆卸清理
8	刀具系统	检查刀具夹持是否可靠，位置是否准确，刀具是否损伤	在刀具更换后，检查重新夹持的位置是否正确	检查刀夹是否完好，定位固定是否可靠	全面检查，有必要时更换固定螺钉
9	换刀系统	观察主轴定向、刀库选刀、机械手定位情况	检查刀库、机械手的润滑情况，清除油污	检查换刀动作的轻便灵活程度	清理主要零部件，更换润滑油
10	LED显示及操作面板	观察报警显示、指示灯的显示情况	检查各轴限位及急停开关是否正常，观察LED显示情况	检查面板上所有操作按钮、开关的功能情况	检查插接线路并清除灰尘
11	强电柜与数控柜	检查冷风扇工作是否正常，柜门是否关闭	清洗控制箱散热风道的过滤网	清理控制箱内部，保持干净	检查所有插接线路、继电器和电缆的接触情况
12	主轴箱	观察主轴运转情况，注意声音、温度的情况	检查主轴上刀柄的夹紧情况，注意主轴定向功能	检查松紧刀装置、主轴轴承的润滑情况，测量轴承温升是否正常	清洗零部件，更换润滑油，检查或更换主传动带，检验主轴精度并进行校准
13	电气系统与数控系统	检查运行功能是否有障碍，监视电网电压是否正常	检查所有电气部件、联锁装置的可靠性。若长期不用，需定期通电空运行	检查一个试验程序的完整运转情况	检查存储器电池、数控系统的大部分功能情况
14	电动机	观察各电动机运转是否正常	观察各电动机冷却风扇运转是否正常	检查各电动机轴承噪声是否严重，必要时可更换	检查电动机控制板、电动机保护开关的功能
15	滚珠丝杠	用油擦净滚珠丝杠暴露部位的灰尘和切屑	检查滚珠丝杠防护套，清理螺母防尘盖上的污物，在滚珠丝杠表面涂油脂	测量各轴反向间隙，必要时予以调整或补偿	清洗滚珠丝杠上的润滑油，涂上新脂

思考与练习题

1. 从机床结构组成和使用数控系统的基本要求来看，五轴联动加工中心和三轴联动加工中心大致有什么不同？

2. JT-GL8-V五轴联动加工中心是哪种结构模式的数控机床？其主要技术参数有哪些，大致能进行什么样的加工？

3. JT-GL8-V五轴联动加工中心的双轴转台是什么样的结构形式？双轴间的位置关系及行程范围如何？其用于五轴加工编程时的偏置数据大致应如何设置？

4. JT-GL8-V五轴联动加工中心各轴的零位是如何确定的？当其刀具主轴正对AC转台零位时X、Y轴的机床坐标是多少？该数据对编程加工有何作用？

5. JT-GL8-V 五轴联动加工中心 X、Y 方向用于换刀的附加行程是什么？这是不是意味着增加了其在 X、Y 方向的有效行程范围？在这一范围内能实施加工吗？

6. JT-GL8-V 五轴联动加工中心各轴间的父子逻辑关系如何？机床设计主要有什么特点？其 ATC 自动换刀装置是如何布局的？该换刀装置设计有何特点？

7. HNC-848 数控系统有何特点？什么是现场总线式？其有何技术优势？

8. HNC-848 数控系统的软硬件结构如何？其软件部分主要包括哪些功能模块？该数控系统主要能实现哪些基本控制功能？

9. HNC-848 数控系统支持哪些五轴加工与编程控制功能？它和 FANUC 300is、SIEMENS 840D 的主要性能指标对比如何？

10. RTCP 的含义是什么？其包括哪些功能部分？使用 RTCP 功能有何优势？

11. 倾斜面的坐标定向功能有何作用？其主要可实现哪些功能？

12. 和 HNC-21、HNC-210 数控系统相比较，HNC-848 数控系统在操作界面上主要增加了哪些功能？其 3D 防碰撞仿真检查、刀具和工件在机测量是标配功能吗？

13. HNC-848 数控系统有哪些针对五轴加工的手动操作功能？其基本操作方法如何？RTCP 功能在手动操作方面是如何体现的？五轴加工的法向进退刀功能是如何使用的？

14. 加工中心的日常维护和保养主要有哪些内容？三级检查与保养分别指哪些内容？

15. 数控机床常见故障主要有哪些，分别应如何处置？加工中心的 ATC 装置主要有哪些常见故障，应如何处置？

项目三

五轴加工基础编程认知

单元一 了解 HNC-848M 多轴数控系统的编程规则

一、HNC-848M 的基本编程指令功能

1. G 指令功能

HNC-848M 数控系统的 G 指令功能见表 3-1-1，其中包括能控制机床坐标轴移动的插补指令和影响插补指令执行状态的状态指令。

表 3-1-1 HNC-848M 数控系统的 G 指令功能

代码	组	指令功能	代码	组	指令功能	代码	组	指令功能
G00		快速定位	G28		回参考点	G64	12	连续切削
* G01		直线插补	G29	00	参考点返回	G65	00	宏非模态调用
G02		顺圆插补	G30		回第 2~4 参考点	G68		旋转变换开启
G03	01	逆圆插补	G34	01	攻螺纹切削	G68.1		倾斜面特性坐标系 1
G02.4		三维顺圆插补	* G40		刀径补偿取消	G68.2	05	倾斜面特性坐标系 2
G03.4		三维逆圆插补	G41		刀径左补偿	G69		旋转、特性坐标取消
G04		暂停延时	G42		刀径右补偿	G70~G79		钻孔样式循环
G05.1		高速高精加工模式设定	G43	09	刀长正补偿	G73~G89	06	钻、镗固定循环
G06.2		NURBS 样条插补	G44		刀长负补偿	* G80		固定循环取消
G07	00	虚轴指定	G43.4		开 RTCP 角度编程	G90	13	绝对坐标编程
G08		关闭前瞻功能	G43.5		开 RTCP 矢量编程	G91		增量坐标编程
G09		准停校验	* G49		关刀长补偿及 RTCP	G92	00	工件坐标系设定
G10	07	可编程输入	* G50	04	缩放关	G93		反比时间进给
* G11		可编程输入取消	G51		缩放开	G94	14	每分钟进给
* G15	16	极坐标编程取消	G52		局部坐标系设定	G95		每转进给
G16		极坐标编程开启	G53	00	机床坐标系编程	* G98	15	固定循环回起始面
* G17		XY 加工平面	G53.2		刀轴方向控制	G99		固定循环回 R 面
G18	02	ZX 加工平面	G53.3	00	法向进刀	G106	00	刀具中断回退
G19		YZ 加工平面	G54.x		扩展工件坐标系	G140		线性插补
G20	08	英制单位	G54~	11	工件坐标系 1~6 选择	G141	00	大圆插补
* G21		公制单位	G59			G160~G164		工件测量
G24	03	镜像功能开启	G60	00	单向定位	G181~	06	固定特征
* G25		镜像功能取消	* G61	12	精确停止	G189		铣削循环

注：1. 表内 00 组为非模态指令，只在本程序段内有效。其他组为模态指令，一次指定后持续有效，直到碰到本组其他代码。

2. 标有 * 的 G 代码为数控系统通电启动后的默认状态。

2. M 指令功能

M 指令是用于控制零件程序走向、机床各辅助功能开关动作及指定主轴启停、程序结束等的辅助功能指令。HNC-848M 数控系统的 M 指令功能见表 3-1-2，其中包括系统内定的 M 功能指令（M00、M01、M02、M30、M90/91、M92、M98/99）和由 PLC 设定的 M 功能指令（如 M3/4/5、M6、M7/8/9、M64、M19/20）。

表 3-1-2　HNC-848M 数控系统 M 指令功能

代码	作用时间	组别	指令功能	代码	作用时间	组别	指令功能	代 码	作用时间	组别	指令功能
M00	★	00	程序暂停	M06	★	00	自动换刀	M30	★	00	程序结束并返回
M01	★	00	条件暂停	M07	#		开切削液 1	M64			工件计数
M02	★	00	程序结束	M08	#	b	开切削液 2	M90/M91			用户输入/输出
M03	#		主轴正转	M09	★		关切削液	M92		00	暂停(可手动干预)
M04	#	a	主轴反转	M19			主轴定向停止	M98/M99		00	子程序调用和返回
M05	★		主轴停转	M20		c	取消主轴定向	M128/M129		00	开/关工作台坐标系

注：1. 组别为"00"的属于非模态代码。其余为模态代码，同组可相互取代。
　　2. 作用时间为"★"者表示该指令功能在程序段指令运动完成后开始作用，作用时间为"#"者则表示该指令功能与程序段指令运动同时开始。
　　3. 使用 M90/M91 可方便用户根据 PLC 的执行动作来控制 G 代码执行流程，或通过 G 代码执行流程来控制 PLC 的执行动作，由此拓展系统功能的应用控制。

3. F、S、T 指令功能

F 指令功能用于控制刀具相对于工件的进给速度。进给速度采用直接数值指定法，可由 G94、G95 分别指定 F 的单位是 mm/min 还是 mm/r。注意：实际进给速度还受操作面板上进给速度修调倍率控制。

S 指令功能用于控制带动刀具旋转的主轴的转速。主轴转速采用直接数字指定法，如 S1500 表示主轴转速为 1500r/min，实际主轴转速受操作面板上主轴转速修调倍率的控制。

T 指令功能用于机床刀库的选刀，其后的数值表示要选择的刀具号。使用机械手换刀方式时可在执行其他指令功能的同时通过 T 指令预选刀具，以节省选刀占机时间；使用主轴刀库互动换刀方式时，T 指令应与 M06 指令在同一程序段中使用。

二、多轴加工的指令编程规则

HNC-848M 数控系统基本编程指令用于三轴加工时的程序编制规则与 HNC-21/22M 一致，在此主要就其用于多轴加工时的要求进行介绍。

1. 多轴加工的插补指令应用规则

（1）快速定位 G00 和直线插补 G01　相对于三轴数控铣削编程而言，五轴机床中快速定位或直线插补的标准程序段可在指定 X、Y、Z 坐标数据的同时指定 A、B、C 旋转角度（RTCP 模式下使用 G43.4），或通过指定刀轴矢量数据的形式（RTCP 模式下使用 G43.5），实现五轴联动的移动控制，如图 3-1-1 所示。

指令格式：

1）G43.4　H　启动 RTCP，旋转轴角度控制方式

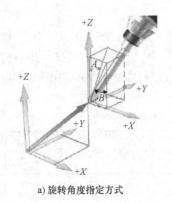
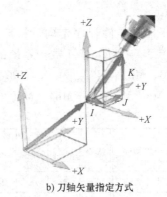

a) 旋转角度指定方式　　　　　b) 刀轴矢量指定方式

图 3-1-1　G00/G01 的两种多轴编程方式

G90（G91）　G0　X__　Y__　Z__　A__　B__　C__

或 G90（G91）　G1　X__　Y__　Z__　A__　B__　C__　F__

2）G43.5　H__　启动 RTCP，旋转轴矢量控制方式

G90（G91）　G0　X__　Y__　Z__　I__　J__　K__

或 G90（G91）　G1　X__　Y__　Z__　I__　J__　K__　F__

其中 X、Y、Z 是以 mm 为单位的刀位点移动的有向距离，A、B、C 是以（°）为单位的旋转角度，I、J、K 是程序终点的刀轴在工件坐标系中的矢量（由 $I/J/K$ 三个方向的正负矢量及配比关系确定刀轴的空间角度方向）；线性轴的进给速度 F 以 mm/min 为单位，旋转轴的进给速度以（°）/min 为单位。当旋转轴与其他线性轴同时做直线插补时，F 速度是直线轴与旋转轴构成的直角坐标系中的切线进给速度，旋转轴的实际进给速度据此进行计算。

例如指令为 G91 G1 X30 A50 F500 时，应先将 A
轴当成线性轴来计算合成移动所需的时间，即

$$t = \frac{\sqrt{30^2+50^2}}{500}\text{min} = 0.117\text{min}$$

则旋转轴 A 的进给速度为

$$v = \frac{50°}{t} = \frac{50°}{0.117\text{min}} = 427.35°/\text{min}$$

编程示例：由 $X0$ 到 $X10$ 铣削一条直线，同时刀轴
方向由 B0°改变至 B45°，如图 3-1-2 所示。

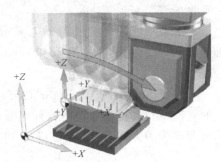

图 3-1-2　直线插补编程示例

%0001

G54 G90

M03 S2000

G43.4 H1　　　　　　　　指定旋转轴角度编程方式，并启用 RTCP 功能

G0 X0 Y0 Z5 B0　　　　　刀具定位到起始位置，刀轴平行于 Z 轴

G1 Z-1 F100　　　　　　　下刀切入

G43.5　　　　　　　　　　切换为旋转轴矢量编程方式

X10 Y0 I1 K1　　　　　　铣削直线到 $X10$，I、K 等比矢量确定刀轴在 XZ 面内 B45°方向

Z5

G0 Z50

G49

M5

M30

（2）三维圆弧插补 G02.4/G03.4 除必须限定切削平面 G17、G18、G19 中实现平面圆弧插补外，HNC-848M 能通过指定圆弧上三个不重合的点来执行三维空间上的圆弧插补。

指令格式：

G02.4/G03.4 X__ Y__ Z__ I__ J__ K__ F__

其中，X、Y、Z 指定空间圆弧终点位置，G90 方式下指定终点坐标，G91 方式下指定从起点到终点的有向距离；I、J、K 指定空间圆弧中间点坐标，无论 G90/G91，均指定从起点到中间点的有向距离；F 指定进给速度。

使用限制：

1）由于空间圆弧不分旋转方向，因此 G02.4 和 G03.4 相同。

2）若任意两点重合或三点共线，系统将产生报警。

3）整圆应分成几段来处理。

编程示例：加工如图 3-1-3 所示三段空间圆弧，编程如下：

%877

G90 X80 Y0 Z80 到 A 点

F2000

G64

G03.4 X80 Y−80 Z0 I0 J0 K−80 终点 B,中间点 M1

　　　X0 Y−80 Z80 I−32 J0 K32 终点 C,中间点 M2

　　　X80 Y0 Z80 I0 J88 K0 终点 A,中间点 M3

M30

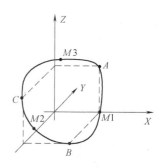

图 3-1-3 三维圆弧插补

（3）NURBS 样条插补 G06.2 通过指定 NURBS 曲线的三个参数（控制点、加权、节点）进行 NURBS 样条插补。

指令格式：

G06.2 P__ K__ IP__ W__ F__ E__

其中，P 为 NURBS 曲线的阶数，2~4 分别对应 1~3 次样条；K 为控制的节点；IP 为控制点坐标，指定 G06.2 首段程序的节点时，采用 G06.2 P4 K $ [0, 0, 0, 0, 1] X1 Y0 Z0 的格式；W 为相同程序段中指定控制点的权重，省略时默认为 1；F 为进给速度；E 为避免终点速度过低而设定的第二进给速度（插补结束进给速度），且最后一段必须显式指定 E 为非 0 正数，否则插补结束时速度将会降为 0。

NURBS 样条插补方式中不能使用刀具半径补偿。

示例：使用三次 NURBS 样条插补图 3-1-4 所示整圆，R = 50mm，可编程如下：

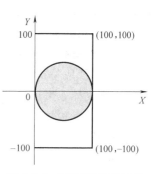

图 3-1-4 NURBS 样条插补

```
%0001
G54
G90   G17F   500   G64
G06.2   P4   K ${[0,0,0,0,1]}$   X0.0   Y0.0   Z0.0   W1   F600          插补上半圆
K1   X0.0000   Y100.0   W0.3333
K1   X100.0   Y100.0   W0.3333
K1   X100.0   Y0.0   W1.0   E600
K ${[0,0,0,0,1]}$   X100   Y0.0   W1                                    插补下半圆
K1   X100   Y-100.0   W0.3333
K1   X0.0   Y-100   W0.3333
K1   X0.0   Y0.0   W1   E600
M30
```

（4）高速高精加工模式设定 G05.1　对于模具加工行业，由于编程时常常采用微小线段来逼近复杂曲面，因此，在一般的加工模式下，对小线段处理功能不足，会导致加工效率低下，加工表面也不光滑。高速高精加工模式增强了小线段的处理功能，可以提高程序中微小线段的加工速度，从而实现高速加工的目的。高速高精加工模式设定的格式为：

G05.1 Q1	高速高精加工模式 1
G05.1 Q2	高速高精加工模式 2
G05.1 Q0	高速高精加工模式关闭

高速高精加工模式关闭后，为 G61 准停方式，即各程序段编程轴都要准确停止在程序段的终点，然后再继续执行下一程序段。在高速高精加工模式 1 下，系统自动计算相邻线段连接处的过渡速度，在保证不产生过大加速度的前提下，使过渡速度达到最高，从而实现高速加工的目的。在高速高精加工模式 1 下，插补轨迹与编程轨迹重合。

高速高精加工模式 2 是样条插补模式。在该模式下，程序中由 G01 指定的刀具轨迹在满足样条条件的情况下被拼成样条进行插补。如图 3-1-5 所示，其中虚线部分为编程轨迹，实线部分是刀具实际移动的样条轨迹。在拼成样条的情况下，编程轨迹的直线拐点处（如 B、C、D 等），刀具将以很高的速度过渡，从而实现高速加工。其样条条件包括：

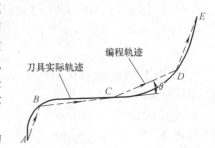

图 3-1-5　高速高精样条插补模式

1）程序段的最大移动量。线长比此设定值更长的程序段，不进行高速高精加工。

2）程序段的最小移动量。线长比此设定值更短的程序段，不进行高速高精加工。

3）相邻线段矢量之间的夹角 θ。若该夹角小于限定值，则满足样条条件，插补器将该相邻线段拼成样条进行插补；若该夹角大于限定值，则不满足样条条件。如果一条直线段与前后直线段的夹角均超过了限定值，则该条直线将按直线（编程轨迹，高速高精加工模式 1）进行插补。

4）相邻线段的长度之比。当前后两条直线段的长度 $L1$ 和 $L2$ 的比值超过限定值时，也不满足样条条件。假定长度比值的限定值为 ε（$\varepsilon>1$），则样条条件为：$\dfrac{1}{\varepsilon}<\dfrac{|L1|}{|L_2|}<\varepsilon$。如果

一条直线段与前后直线段的长度比值均超出了限定值，则该直线将按直线（编程轨迹）进行插补。

（5）刀具中心点控制（RTCP） RTCP 主要包括三维刀具长度自动补偿和工作台坐标系编程功能。

1）三维刀长补偿。三维刀长补偿是在五轴机床中，无论刀具旋转到什么位置，刀具长度的补偿始终沿着刀具长度方向进行，如图 3-1-6a 所示。其格式为：

G43.4 H ____ 刀长补偿开始（旋转轴角度编程方式，同时启用 RTCP）
G43.5 H ____ 刀长补偿开始（旋转轴矢量编程方式，同时启用 RTCP）
G43/G44H ____ 可在启用上述功能后，再使用 G43/G44 作为刀长的正负补偿
G49 刀长补偿取消，同时关停 RTCP

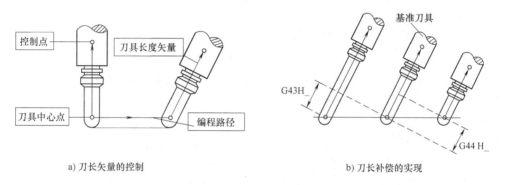

a) 刀长矢量的控制　　　　　　b) 刀长补偿的实现

图 3-1-6　三维刀具长度补偿的实现

其中，G43 为正向补偿，使刀具中心点沿着刀具轴线往控制点方向（刀尖反方向）偏移一个刀长补偿值；G44 为负向补偿，使刀具中心点沿着刀具轴线向刀尖方向偏移一个刀长补偿值，如图 3-1-6b 所示。

2）工作台坐标系编程。在进行五轴加工编程时，既可以将工件坐标系作为编程坐标系，也可以将工作台坐标系作为编程坐标系。工作台坐标系是与工作台固连在一起并随着工作台一起旋转变化的，如图 3-1-7 所示。系统上电默认是工件坐标系编程，通过 M 代码可以切换到工作台坐标系编程模式。其指令格式为：

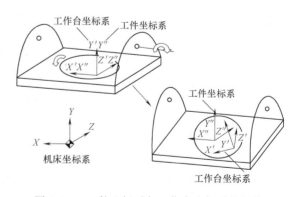

图 3-1-7　工件坐标系与工作台坐标系的切换

M128　开启工作台坐标系编程功能

M129　关闭工作台坐标系编程功能

（即返回到工件坐标系编程）

该功能和上述 G43.4 的功能相同，通常在早期版本（如 HNC-808/818M 系统）中使用。

（6）倾斜面加工指令

1）倾斜面特性坐标系的构建 G68.1。对于在倾斜面上的加工，可以在该斜面上建立一个特性坐标系（TCS），并在该坐标系中进行编程。由于特性坐标系与斜面相适应，因此在斜面上的编程与平面上的编程同样简单。倾斜面特性坐标系的构建关系如图 3-1-8 所示。

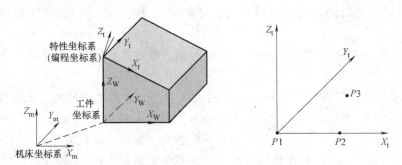

图 3-1-8　倾斜面特性坐标系的构建关系

特性坐标系可以通过指定以下三点在系统的 CNC 界面中进行预设置。

P1：特性坐标系零点。

P2：特性坐标系 X 轴正方向任意一点。

P3：特性坐标系 XY 平面一、二象限任意一点。

以上各点坐标均为该点在工件坐标系中的坐标值。系统最多可存储 9 个特性坐标系，程序中使用 G68.1 指令来选择使用哪一个特性坐标系，G69 指令取消当前选择的特性坐标系。其指令格式为：

G68.1 Q __　　　　　Q 后指定要选择的特性坐标系，其值范围为 1~9

G69　　　　　　　　取消当前选择的特性坐标系

使用 G68.1 指令前应指定 G43.4 或 M128 开启 RTCP 功能。指定 G68.1 以后，所有编程坐标都是在特性坐标系下的坐标值。

例如：当特性坐标系构建好后，在特性坐标系下加工一个圆。

```
%0003
G54  G90
M03  S2000
G43.4  H2                            指定旋转轴角度编程方式,并启用 RTCP 功能
G68.1  Q1                            选择并启用 1 号特性坐标系
G53.2
G00  X0  Y0  Z50                     移到特性坐标系中指定点(0,0,50)
Z10                                  刀具下移到 Z10 处
G01  X90  Y50                        刀具移到圆弧起点上方
Z3                                   刀具下切到 Z3 处
G91  G02  X0  Y0  I-30  J0  F500     顺圆插补走半径 R30 的整圆
G01  Z10                             工进提刀到 Z10 处
G00  Z50                             快速提刀到 Z50 处
G49                                  取消 RTCP 功能
G69                                  取消并停用所选特性坐标系
M05
M30
```

2）倾斜面特性坐标系的构建 G68.2。除上述采用数据预置后由序号调用形式指定特性

坐标系之外，在 HNC-848M 数控系统内也可使用 G68.2 指令在程序中给定旋转变换关系的方法实现特性坐标系的构建。其指令格式为：

G68.2　Xx_q　Yy_q　Zz_q　Iα　Jβ　Kγ

其中，x_q、y_q、z_q 为特性坐标系原点在 WCS 工件坐标系中的坐标，α、β、γ 为按特定顺序变换的欧拉角。α 为进动角（EULPR），围绕 Z 轴旋转的角度；β 为盘转角（EULNU），围绕由进动角改变后的 X 轴旋转的角度；γ 为旋转角（RULROT），围绕由盘转角改变后的 Z 轴旋转的角度。角度取值按"逆正顺负"的原则。

如图 3-1-9 所示，为构建图 3-1-9c 所示左前侧斜表面的特性坐标系的旋转变换，应先将 WCS 原点平移至 P1（-70，-100，20），然后将坐标系绕 Z 轴逆时针进动旋转 120° 得到 X1/Y1/Z1 的坐标方位，再将坐标系 X1 轴顺时针旋转 90°，得到盘转变换后的 X2/Y2/Z2 坐标方位，最后再将坐标系绕 Z2 轴顺时针旋转 90°，即可得到所需特性坐标系 X/Y/Z 坐标方位。由此，其程序指令为：

G68.2　X-70　Y-100　Z20　I120　J-90　K-90

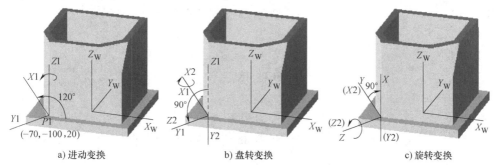

| a) 进动变换 | b) 盘转变换 | c) 旋转变换 |

图 3-1-9　G68.2 倾斜面特性坐标系变换方法

3）刀具轴方向控制 G53.2。在指定 G68.1/G68.2 建立特性坐标系后，可以指令 G53.2 来控制刀具轴摆动到与特性坐标系 Z 轴平行的方向，如图 3-1-10 所示。G53.2 必须在 G68.1 建立特性坐标系后指定，否则系统会报警。

（7）法向进退刀控制 G53.3　法向进退刀是指刀具沿着刀具轴线方向进刀或退刀，如图 3-1-11 所示。

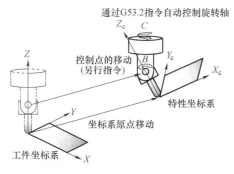

图 3-1-10　刀具轴方向控制

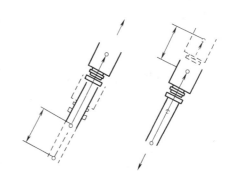

图 3-1-11　法向进退刀控制

其编程指令格式为：

G53.3　L __

其中，L指定进退刀的距离，进刀时指定负值距离，退刀时指定正值距离。

使用法向进退刀功能时，必须在系统参数中正确地设置机床的结构类型，否则无法正确执行法向进退刀指令；编写程序代码时，必须加入G43.3 H1启用RTCP功能，否则不能准确地法向进退。

编程应用示例：

```
%0001
G54
G43.4  H1                      指定旋转轴角度编程方式,并启用RTCP功能
G90  G01  X50  Y90  Z40  F800  移动至相对零点
B0                             B轴0°
G04  X8
G53.3  L-20                    进刀20mm的距离
G04  X8                        暂停8s记录XZ坐标
G53.3  L20                     退刀
G04  X8
B45                            B轴45°
G04  X8
G53.3  L-20                    进刀距离
G04  X8                        暂停8s记录XZ坐标
G53.3  L20                     退刀
G04  X8
B90                            B轴90°
G04  X8
G53.3  L-20
G04  X8
G53.3  L20
G04  X8
G00  X50  Y90  Z40
B0
M30
```

（8）刀具中断回退控制 G106　在加工过程中，当刀具破损时，可以使刀具从工件回退，等待换刀完成后再次开始返回，这种功能称为刀具中断回退功能。其指令格式为：

G106 IP __　IP为设置的回退点坐标。回退时，仅对定义的编程轴进行回退

使用该功能时，当刀具破损、折断或其他紧急情况发生时，可以触发一个信号，该信号触发后，会中断当前的加工，并自动执行一个与该信号关联的子程序。在子程序中，可以执行将刀具移动到指定的回退点并切换到示教模式，在该模式下，可以进行点动及换刀等控制，同时记录刀具移动的路径。调整完毕后按"循环启动"键可按照记录的刀具移动路径返回回退点并返回中断点继续加工，主要适用于中途更换刀片而没有改变刀长的情况。

编程示例：

%100

G54　G90　G0　X0　Y0　S1000　M3

G106　Z20　　　　　　　　　　设置 Z 回退点为 20，在下面的程序段中，如果触发了中断信号，则程序中断，Z 轴立即回退到 20

G01　Z-5　F100

G01　X100　Y0　F600

Y100

X0

Y0

G106　Z5　　　　　　　　　　设置 Z 回退点为 5，在下面的程序段中，如果触发了中断信号，则程序中断，Z 轴立即回退到 5

G01　Z-10

G0　X300　Y0

G1　Y100

X200

Y0

G0　Z0　M5

M30

2. 多轴加工的钻镗固定循环编制规则

HNC-848M 数控系统在钻镗固定循环的编程规则上大体和 FANUC-0iM 数控系统相一致，但在部分细则上有所区别。

（1）钻镗循环基本格式上的异同　HNC-848M 数控系统钻镗固定循环 G73～G89 中，各 G 指令代码所控制的钻镗加工方式与 FANUC-0iM 数控系统基本相同。两系统间除深孔间断进给的 G73、G83，需要主轴定向控制的 G76、G87 有所区别之外，其余基本相同，大致都采用以下格式：

G90(G91)　G99(G98)　G××　X__　Y__　Z__　R__　P__　F__　L__

而对采用间断进给方式做深孔钻削加工的 G73 / G83 而言，HNC-848M 数控系统的格式为：

G90(G91)　G99(G98)　G73(G83)　X__　Y__　Z__　R__　Q__　K__　P__　F__　L__

G73 时，K 为每次退刀距离；G83 时，K 为每次退刀后，再次进给时，由快进转为工进时距上次加工面的距离。K 取正值，Q 取负值，且 K≤|Q|。

对中途需做主轴定向及横移避让控制的 G76/G87 而言，HNC-848M 数控系统的格式为：

G90(G91)　G99(G98)　G76(G87)　X__　Y__　Z__　R__　I__　J__　P__　F__　L__

I 为 X 轴刀尖反向位移量；J 为 Y 轴刀尖反向位移量。I、J 只能为正值，位移方向由装刀时确定。

为方便用户简化编程，HNC-848M 数控系统增加了一些钻孔样式循环功能（如圆周钻孔

G70、圆弧钻孔 G71、角度直线钻孔 G78、棋盘格钻孔 G79）和基于固定结构特征的铣削循环功能（如圆弧槽铣削 G181~G182、圆周槽铣削 G183、矩形凹槽铣削 G184、圆形凹槽铣削 G185、端面铣削 G186、矩形凸台铣削 G188、圆形凸台铣削 G189）。在此仅介绍圆周钻孔 G70 和圆形凸台铣削 G189 的指令功能，其余功能请参阅 HNC-848M 数控系统用户手册。

1）圆周钻孔循环 G70。在 X、Y 指定的坐标为中心所形成半径为 I 的圆周上，以 X 轴和角度 J 形成的点开始将圆周做 N 等分，做 N 个孔的钻孔动作，每个孔的动作根据 Q、K 的值执行 G81 或 G83 标准固定循环。孔间位置的移动以 G00 方式进行。G70 为模态，其后的指令字为非模态。其指令格式为

（G98/G99）G70 X__ Y__ Z__ R__ I__ J__ N__ Q__K__P__ F__
L__

各参数含义见表 3-1-3。

表 3-1-3　圆周钻孔循环各参数的含义

参数	含　义
X、Y	圆周孔循环的圆心坐标
Z	孔底坐标
R	绝对编程时参照 R 点的坐标值;增量编程时参照 R 点相对于初始 B 点的增量值
I	圆半径
J	最初钻孔点的角度,逆时针方向为正
N	孔的个数,正值表示逆时针方向钻孔,负值表示顺时针方向钻孔
Q	每次进给深度,为有向距离
K	每次退刀后,再次进给时,由快速进给转换为切削进给时距上次加工面的距离
P	孔底暂停时间(单位:s)
F	指定切削进给速度
L	循环次数(L 不指定,L=1)

例如，要在 XY 平面中以（10，10）为圆心，半径为 10mm 的圆周四个象限点方向上逆时针钻四个孔，孔底执行 G81 钻孔动作，可编程为：

G98 G70 X10 Y10 Z0 R20 I10 J0 N4 F200

要在 XY 平面中以（40，40）为圆心，半径为 40mm 的圆周上，从起始角为 30°起沿顺时针方向以 G83 方式钻 6 个均布的孔，可编程为：

G98 G70 G90 X40 Y40 R35 Z0 I40 J30 N-6 Q-10 K5 F100

2）圆形凸台铣削循环 G189。圆形凸台铣削循环可用于加工平面上任意尺寸的圆形凸台。其指令格式为：

（G98/G99）G189 R__ Z__ X__ Y__ I__ J__ F__ Q__ E__ O__
H__ U__ P__ C__ D__ V__

各参数含义见表 3-1-4。

表 3-1-4　圆形凸台铣削循环各参数的含义

参数	含　义
R	绝对编程时是参考点 R 的坐标值;增量编程时是参考点 R 相对初始点的增量值
Z	绝对编程时是凸台底部坐标值;增量编程时是凸台底部相对参考点 R 的增量值
X	凸台中心位置,绝对编程时是当前平面第一轴的坐标;相对编程时是相对于起点的增量值的坐标

（续）

参数	含　义
Y	凸台中心位置,绝对编程时是当前平面第二轴的坐标;相对编程时是相对于起点的增量值的坐标
I	圆形凸台的半径
J	圆形凸台毛坯的半径
F	粗加工时铣削速度
Q	粗加工时每次进给深度(可省略,Q=槽深度-槽底精加工余量)
E	凸台边缘的精加工余量(可省略,E=0)
O	凸台底部的精加工余量(可省略,O=0)
H	精加工时的进给深度(可省略,凸台底和边缘一次完成精加工)
U	精加工进给速度(可省略,U 取 F)
P	精加工主轴转速(可省略,P=进入循环前主轴转速或默认转速)
C	加工凸台的铣削方向(可省略,C=3) 0:同向铣削　1:逆向铣削　2:G02 方向铣削　3:G03 方向铣削
D	加工类型(可省略,D=1) 1:粗加工　2:精加工
V	铣削刀具半径

粗加工（$D=1$）时，G00 定位到平面内第一轴正方向凸台右侧上方参考平面处，深度进给一个进给量，根据铣削方向插入半圆进入工件轮廓铣削工件表面直至凸台边缘精加工余量，循环自动插入反方向半圆退出工件轮廓，G00 快移至下刀点，再次深度下刀加工凸台表面轮廓直至凸台底部精加工余量。

精加工（$D=2$）时，G00 定位到平面内第一轴正方向凸台右侧上方参考平面处，深度进给一个进给量，根据铣削方向插入半圆进入工件轮廓铣削边缘精加工余量，表面加工完成后循环自动插入反方向半圆退出工件轮廓，G00 快移至下刀点，再次深度下刀加工边缘余量直至凸台底部精加工余量；然后铣削凸台底部精加工余量。

凸台加工完成后，根据 G98/G99 抬刀至初始平面或参考平面，循环完成。

粗加工图 3-1-12 所示某倾斜面上的圆形凸台到 $\phi50mm$，凸台毛坯直径为 $\phi55mm$，每次切削的进给深度为 10mm，刀具直径为 $\phi10mm$。若已在系统中进行过该倾斜面特性坐标系（2 号）的设定，则可编程如下：

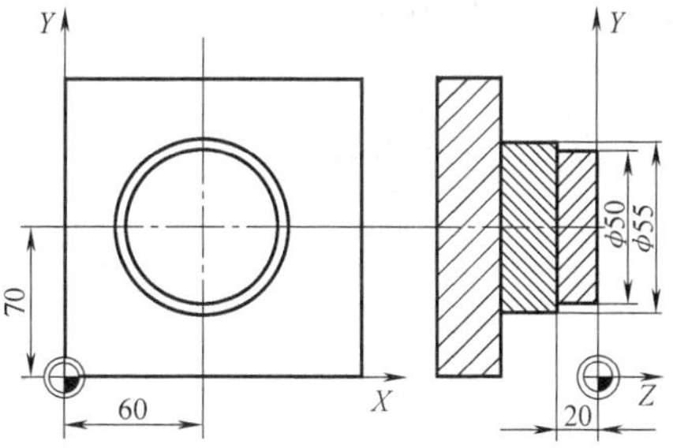

图 3-1-12　圆凸台铣削循环案例

```
%1020
G17  G54  G90  G0  X0  Y0
T10  M06
M03  S650
G43.4  H2          指定旋转轴角度编程方式,并启用 RTCP 功能
G68.1  Q2          选择并启用 2 号特性坐标系
G53.2
G43  H10  Z20  M8
G98  G189  R2  Z-20  X60  Y70  I25  J27.5  F200  Q10  E1  O1  D1  V5
```

```
G80
G0   Z50   M9
G49                    取消 RTCP 功能
G69                    取消并停用所选特性坐标系
M5
M30
```

（2）多轴钻镗加工编程控制的异同　FANUC-0iM 数控系统的钻镗循环用于多轴加工时，可直接在 G73~G89 的指令行中添加 A~C 多轴角度摆转数据。这种方法虽然可使程序得到简化，但在提刀高度不够及其动作顺序控制不合理的状况下存在着摆转撞刀的风险。为此，HNC-848M 数控系统不允许在钻镗循环 G73~G89 的指令行中直接添加含 A~C 多轴角度摆转数据，要求在钻镗孔加工完成后，通过 G00 对孔位间的 A~C 多轴角度摆转另行控制，以方便编程者先期确认提刀高度是否安全，从而规避摆转时因安全提刀高度不够而出现撞刀风险。由于 HNC-848M 数控系统既可用 G80 取消固定循环，也可由 01 组的 G 代码取消固定循环，相对于 FANUC 数控系统而言就不需先使用 G80 再切换到 G00，如此其程序编制也就不会显得特别复杂。

双摆台结构的五轴钻镗加工和三轴钻镗加工的控制相同，其钻镗孔的主要动作方向是与 Z 轴平行的主轴进给方向，只需用 G17 加工平面的 G73~G89 钻镗循环即可实施各孔的钻镗加工。而对于采用主轴摆头结构的五轴机床而言，有些零件上的孔无法令其在孔轴线与 Z 轴平行的姿态角下实施加工，因此较难以使用钻镗循环的指令来加工孔。当利用主轴摆头使刀具轴线与孔轴线处于平行的方位，且刀轴方向与 Z/Y/X 轴平行时，可利用 G17、G18、G19 进行平面切换后使用钻镗循环指令，否则只能使用 G00/G01 的基本指令控制 Z、Y、Z 合成运动实现孔的加工。使用标准刀轴平面时的钻镗固定循环指令格式如下：

G17　G90(G91)　G99(G98)　G×× X＿ Y＿ Z＿ R＿ P＿ F＿ L＿（X、Y 为孔位坐标，R 为 Z）

G18　G90(G91)　G99(G98)　G×× X＿ Y＿ Z＿ R＿ P＿ F＿ L＿（X、Z 为孔位坐标，R 为 Y）

G19　G90(G91)　G99(G98)　G×× Y＿ Z＿ R＿ P＿ F＿ L＿（Y、Z 为孔位坐标，R 为 X）

单元二　学习五轴点位加工的手工编程

一、双摆台五轴加工模式的编程

图 3-2-1 所示为某箱体零件的工程图样，其上几个斜面及孔需要通过五轴机床加工。该零件的实体模型及在五轴转台上的装夹如图 3-2-2 所示。装夹定位时使工件坐标系零点与工作台回转中心重合，即工件底面中心在 C 轴回转轴线上。

五轴钻孔加工时，如果以 A 轴摆转 90°，先加工 $\phi50$mm 的孔后，再使 C 转台逆时针转动 60° 加工 $\phi20$mm 的孔；提刀安全退出并使 A、C 返回零位后，再以 C 转台顺时针旋转 45°，A 轴向上摆转 60° 后加工 $\phi18$mm 的孔。各孔位坐标关系计算如下：

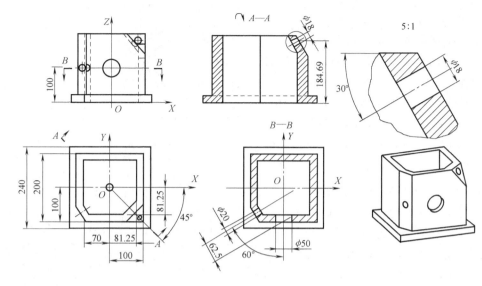

图 3-2-1　箱体零件工程图样

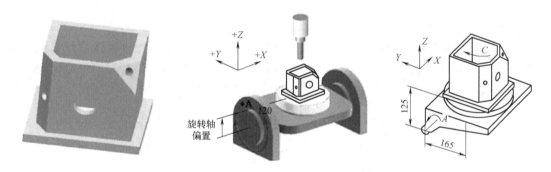

图 3-2-2　箱体零件实体模型及其在五轴转台上的装夹

1）加工 $\phi50mm$ 的孔时，$A=90°$，$C=0°$，$X=0mm$；Y、Z 坐标可按图 3-2-3 所示几何关系计算得出。$Y=100mm+125mm+165mm=390mm$，$Z=165mm+100mm-125mm=140mm$。

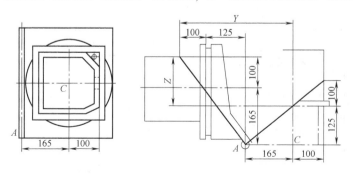

图 3-2-3　$\phi50mm$ 孔 Y、Z 坐标计算几何关系图

2）加工 $\phi20mm$ 的孔时，$A=90°$，$C=-60°$，但相对回转中心的坐标原点在 X 方向有一定的偏置，该偏置值可由图 3-2-4 所示几何关系，利用三角函数进行计算。

在图 3-2-4 所示直角三角形 CAB 中，斜边 $CB = 100$mm，$\angle ACB = 60°$，则：

$$AB = 100 \times \sin 60° \text{mm} = 86.603\text{mm}$$

当转台逆时针转动 $60°$ 后 $\phi 20$mm 孔的 X 坐标值为

$$X = AB - 62.5\text{mm} = 86.603\text{mm} - 62.5\text{mm} = 24.103\text{mm}$$

$$Y = 100\text{mm} + 125\text{mm} + 165\text{mm} = 390\text{mm}$$

而 Z 坐标的计算必须先由图 3-2-4 计算出 CD 线长。

$$CE = \sqrt{100^2 + 70^2}\text{mm} = 122.066\text{mm}$$

$$\angle ECB = \arctan(70/100) = 34.992°$$

$$\angle DCE = 60° - 34.992° = 25.008°$$

$$CD = CE\cos 25.008° = 110.622\text{mm}$$

则加工 $\phi 20$mm 孔时，$Z = 165\text{mm} + CD - 125\text{mm} = 165\text{mm} + 110.622\text{mm} - 125\text{mm} = 150.622\text{mm}$

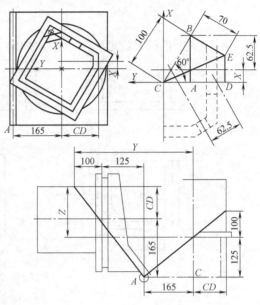

图 3-2-4 $\phi 20$mm 孔 X 坐标偏置计算

3）从图 3-2-1 知，在 A、C 轴为 0 时，$\phi 18$mm 孔的中心点坐标为（81.25，-81.25，184.69）。从图 3-2-2 知，工件坐标系的零点（工作台面中心）离 A 轴的距离 $Y = 165$mm，$Z = 125$mm。当按工作台 C 轴顺时针旋转 $45°$，A 轴向上旋转 $60°$ 后加工该孔时，其孔中心点的坐标可按图 3-2-5 的几何关系计算。

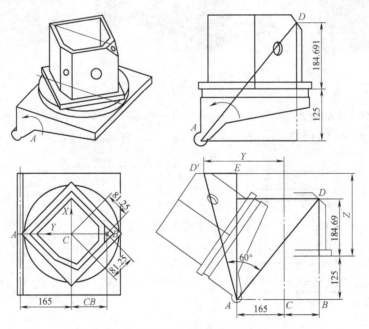

图 3-2-5 五轴加工几何关系图

$$CB = \sqrt{81.25^2 + 81.25^2}\text{mm} = 114.905\text{mm}$$

$\angle DAE = \arctan[(165+114.905)/(125+184.69)] = 42.108°$

$\angle D'AE = 60° - 42.108° = 17.892°$

$AD = \sqrt{(165+114.905)^2 + (125+184.69)^2}\,\text{mm} = 417.438\text{mm}$

则回转后 $\phi18\text{mm}$ 孔中心点 D' 的坐标为：

$X = 0\text{mm}$

$Y = 165\text{mm} + AD\sin17.892° = 293.247\text{mm}$

$Z = AD\cos17.892° - 125\text{mm} = 272.25\text{mm}$

据此，以点钻孔深 2mm 控制，可编制对上述三孔点中心的非 RTCP 程序如下：

O00001

T1　M6　$\phi16\text{mm}$ 中心钻

G90　G54　G00　X0　Y390.0　A90.0　C0　S1000　M3　G54 建立工件零点在工作台回转中心上

G43　Z180.0　H01　M8

G98　G81　Z138.0　R150.0　F150　　　　　　　　　点钻加工孔 1

G0　C-60.0

G81　X24.1　Z148.622　R160.622　　　　　　　　　点钻加工孔 2

G0　Z300.0

C45.0　A60

G98　G81　X0　Y293.247　Z270.25　R282.25　F150　　点钻加工孔 3

G80

G28　Z0　M9

…

上述编制的非 RTCP 五轴加工程序是人工进行 RTCP 预补偿计算所得到的程序，要求装夹后工件零点相对 A、C 轴确保其在 Y 向 165mm、Z 向 125mm 的轴间偏置关系，否则必须重新进行编程计算。若使用机床的 RTCP 功能，其程序编制可简化，且对工件在机床上的装夹位置无严格要求，此时，可对其 X、Y、Z 节点坐标直接按 A、C 零度方位（如传统三轴位置）时计算编程。若通过 CAD 测算出三轴下各节点位置数据如图 3-2-6 所示，则对上例所述三孔做 2mm 深点钻加工，可编制其 RTCP 程序如下：

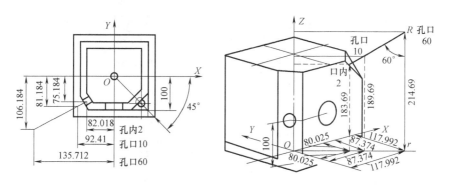

图 3-2-6　RTCP 编程时节点位置关系

```
%0001
T1   M6
G0  G54  G90  X0  Y0  A0  C0  S1000  M3
G43  H1  Z350
G43.4  H1  M8                                   启用 RTCP 功能
G0  X0  Y-160  Z100  A90  C0                    走到距孔 1 表面 60mm 处, A 转至 90°, 加工面水平
Y-110                                           快进走到距孔 1 表面 10mm 处
G1  Y-98  F250                                  工进 G1 点钻孔 2mm 深
G0  Y-160                                       快速退刀到距孔 1 表面 60mm 处
G0  X-135.712  Y-106.184  C-60                  走到距孔 2 表面 60mm 处, C 转至-60°
X-92.41  Y-81.184                               快进至距孔 2 表面 10mm 处
G1  X-82.018  Y-75.184                          G1 点钻孔 2mm 深
G0  X-135.712  Y-106.184                        退刀至距孔 2 表面 60mm 处
X117.992  Y-117.992  Z214.69  A60  C45
                                                走到距孔 3 表面 60mm 处, A 转至 60°, C 转至 45°
X87.374  Y-87.374  Z189.69                      快进至距孔 3 表面 10mm 处
G1  X80.025  Y-80.025  Z183.69                  G1 点钻孔 2mm 深
G0  X117.992  Y-117.992  Z214.69                退刀至距孔 3 表面 60mm 处
G49                                             取消 RTCP 功能
G0  Z350
G91  G28  Z0
G28  A0  C0
M5
M30
```

由此可知，RTCP 编程用节点数据较直观，与偏置距离无关，相对来说容易解读。

二、双摆头五轴加工模式的编程

如图 3-2-7 所示，若要用双摆头五轴机床加工上述箱体零件上的孔，由于工件不能做角

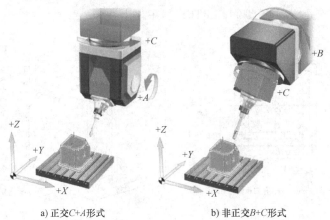

a) 正交C+A形式　　　　　　　　　b) 非正交B+C形式

图 3-2-7　双摆头五轴加工

度摆转，无法实现各孔轴线与 Z 轴平行的要求，因此较难使用钻镗循环的指令来加工孔。利用主轴摆头虽然可达到刀具轴线与各孔轴向平行的方位，若此时刀轴方向与 $Z/Y/X$ 轴平行，尚可利用 G17、G18、G19 进行平面切换后使用钻镗循环指令，其余的只能使用 G00/G01 的基本指令控制 X、Y、Z 合成运动实现孔的加工。由于非正交五轴方式的运动计算较繁杂，在此仅以图 3-2-7a 所示正交 $C+A$ 形式为例介绍双摆头五轴点位加工的孔位计算与编程。

双摆头方式加工箱体的孔 1、2 时，动轴 A 需摆转 90°，以使刀轴方向与孔轴线平行，此时工件在 X、Y 方向上与定轴轴线间就需要有足够的偏置距离，用于实施钻孔加工的动作。为此，装夹时宜将该箱体零件的孔 1 轴线与 X 轴平行放置，以充分利用床身工作台 X 轴行程范围较大的优势，避免 Y 向行程范围不足而可能引发的问题。

对于双摆头五轴机床，其摆长（枢轴中心距 L）由两旋转轴的交点（即枢轴点）到刀具刀位中心点的距离决定，如图 3-2-8 所示。L 由枢轴点到主轴鼻端的距离和刀具定长两部分组成。其主轴鼻端到枢轴点的距离由机床厂家给定，通常为定值，而刀具定长为刀柄安装基准平面（与主轴鼻端平齐）到刀具刀位点的距离，随加工所用刀具不同而变化。

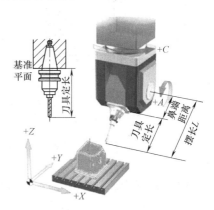

图 3-2-8 双摆头机床的摆长

若某机床鼻端距离为 120mm，所用中心钻刀具定长为 180mm，则其摆长 L 为 120mm+180mm = 300mm。以箱体零件底面中心为工件零点，用此刀具做各孔点钻 2mm 深度的点中心加工，其孔位坐标关系计算如下：

1）加工 $\phi50$mm 孔时，$A = 90°$，$C = 90°$，$Y = 0$mm；X、Z 坐标可按图 3-2-9a 所示几何关系计算得出。$X = 100$mm-2mm$+180$mm$+120$mm$=398$mm，$Z = 100$mm$-L = 100$mm-300mm$=-200$mm。若以距 $\phi50$mm 孔的孔口 10mm 处为工进钻孔前的初始位，则其 $X0$ 坐标应为 $X0 = 100$mm$+10$mm$+180$mm$+120$mm$=410$mm。

2）加工 $\phi20$mm 孔时，$A = 90°$，$C = 30°$，Z 坐标与加工 $\phi50$mm 孔时相同，即 $Z = -200$mm，X、Y 坐标可按图 3-2-9b 所示几何关系计算得出。

由图 3-2-1 的尺寸关系可知，在图 3-2-9b 中，$Oa = 100$mm，$ad = 70$mm，$cf = 62.5$mm。可计算得出：

$af = ad\cos30° = 60.622$mm

$fb = cf\tan30° = 36.084$mm

$ae = bc = cf/\cos30° = 72.169$mm

$Oe = 100$mm$-ae = 27.831$mm，$ce = ab = af+fb = 60.622$mm$+36.084$mm$=96.706$mm

则加工 $\phi20$mm 孔时，$X = Oe+(ce-2$mm$+L)\sin30° = 225.184$mm

$Y = -(ce-2$mm$+L)\cos30° = -341.826$mm

若以距 $\phi20$mm 孔的孔口 10mm 处为工进钻孔前的初始位，则其 X_0、Y_0 坐标计算为

$X_0 = Oe+(ce+10$mm$+L)\sin30° = 231.184$mm

$Y_0 = -(ce+10$mm$+L)\cos30° = -352.218$mm

3）加工 $\phi18$mm 孔时，$A = 60°$，$C = 135°$，钻孔加工需要 $X/Y/Z$ 联动进给实现，因此必须分别计算工进钻孔前后两点的 X、Y、Z 坐标，可按图 3-2-10 所示几何关系计算。

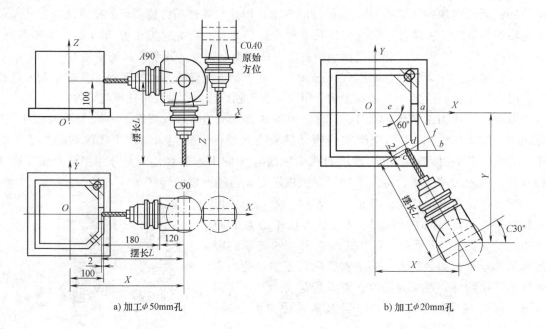

a) 加工 φ50mm 孔   b) 加工 φ20mm 孔

图 3-2-9   加工 φ50mm、φ20mm 孔时孔位计算几何关系图

图 3-2-10 中，孔口中心 A 点坐标为（81.25，81.25，184.69），$AR = L - 2\text{mm} = 298\text{mm}$，可计算得出：

$$ar = AR\sin60° = 258.0756\text{mm}$$

$$a'r' = AR\cos60° = 149\text{mm}$$

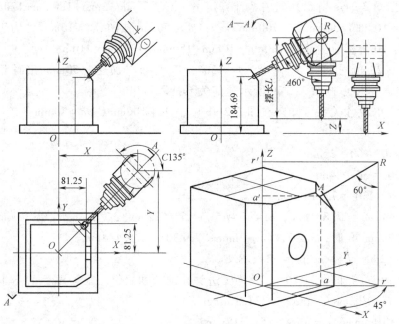

图 3-2-10   加工 φ18mm 孔时孔位计算几何关系图

即 R 点坐标为

$Xr = Yr = 81.25\text{mm} + ar\sin45° = 263.737\text{mm}$

$Zr = 184.69\text{mm} + a'r' = 333.69\text{mm}$

则加工 $\phi18\text{mm}$ 孔时，$X = Xr = 263.737\text{mm}$，$Y = Yr = 263.737\text{mm}$，$Z = Zr - L = 33.69\text{mm}$。

若以距 $\phi18\text{mm}$ 孔的孔口 10mm 处为工进钻孔前的初始位，则其 $X0$、$Y0$、$Z0$ 坐标的计算为

$X0 = Y0 = 81.25\text{mm} + (AR+12\text{mm})\sin60°\sin45° = 271.086\text{mm}$

$Z0 = 184.69\text{mm} + (AR+12\text{mm})\cos60° - L = 39.69\text{mm}$

根据以上孔位数据的计算结果，可编制对上述三孔点中心的非 RTCP 程序如下：

```
O0002
T1 M6   φ16mm 中心钻
G90  G54  G00  X410.0  Y0  A90.0  C90.0  S1000  M3
                              定位到钻 φ50mm 孔的初始位置
G0  Z-200.0  M8               下刀到刀轴平齐 φ50mm 孔中心的 Z 高度
G19  G81  X398.0  R410.0  F150  钻削循环点 φ50mm 孔中心
G80                           退出钻削循环模态
G17  G0  X450.0               远离孔位
C30.0                         刀轴摆转
X231.184  Y-352.218           定位到钻 φ20mm 孔的初始位置
G1  X225.184  Y-341.826  F150  点 φ20mm 孔中心
G0  X231.184  Y-352.218       退出到孔口外 10mm 处
Z220.0                        提刀到安全转换高度
X271.086  Y271.086  A60.0  C135.0  X、Y、A、C 定位到钻 φ18mm 孔的初始方位
Z39.69                        Z 定位到钻 φ18mm 孔的初始位置
G1  X263.737  Y263.737  Z33.69  F150  点 φ18mm 孔中心
G0  X271.086  Y271.086  Z39.69  退出到孔口外 10mm 处
Z220.0                        提刀到安全转换高度
G91  G28  Z0  M9              各轴回零
G28  A0  C0
...
```

若使用机床的 RTCP 功能，其程序编制同前述双摆台示例一样，对其 X、Y、Z 节点坐标直接按 A、C 零度方位时传统三轴位置计算编程。由于相对于前述双摆台模式工件在装夹方向上做了 90° 摆转，在 CAD 中其三轴各节点位置数据应按图 3-2-11 所示进行测算。同样的钻孔加工控制，可编制其 RTCP 程序如下：

```
%0001
T1  M6
G0  G54  G90  X0  Y0  A0  C0  S1000  M3
G43  H1  Z350
G43.4  H1  M8                 启用 RTCP 功能
G0  X160  Y0  Z100  A90  C90   走到距孔 1 表面 60mm 处，A、C 均转至 90°
```

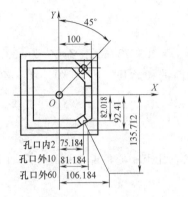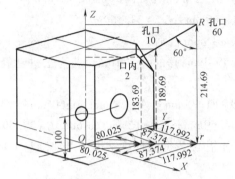

图 3-2-11　RTCP 编程时节点位置关系

X110	快进走到距孔 1 表面 10mm 处
G1　X98　F250	工进 G1 点钻孔 2mm 深
G0　X160	快速退刀到距孔 1 表面 60mm 处
G0　X106. 184　Y-135. 712　C30	走到距孔 2 表面 60mm 处，C 转至 30°
X81. 184　Y-92. 41	快进至距孔 2 表面 10mm 处
G1　X75. 184　Y-82. 018	G1 点钻孔 2mm 深
G0　X106. 184　Y-135. 712	退刀至距孔 2 表面 60mm 处
X117. 992　Y117. 992　Z214. 69　A60　C135	走到距孔 3 表面 60mm 处，A 转至 60°，C 转至 135°
X87. 374　Y87. 374　Z189. 69	快进至距孔 3 表面 10mm 处
G1　X80. 025　Y80. 025　Z183. 69	G1 点钻孔 2mm 深
G0　X117. 992　Y117. 992　Z214. 69	退刀至距孔 3 表面 60mm 处
G49	取消 RTCP 功能
G0　Z350	
G91　G28　Z0	
G28　A0　C0	
M5	
M30	

　　根据以上两种不同五轴机床结构模式及相应 RTCP 和非 RTCP 的计算编程，不难看出，非 RTCP 编程模式需要进行比较复杂的几何计算，而且随机床结构模式及其结构特征参数的不同，其节点坐标数据将不同，要求编程者具有较为明晰的空间几何解析能力。另外，对于不具备 RTCP 功能的机床而言，五轴加工编程时必须并确保机床上实际工件零点与编程零点的位置关系不再变动。这种非 RTCP 的程序不具有通用性，由于程序数据与机床结构模式、结构数据及装夹位置密切相关，因此若有变动必须再次计算后重新编程。

　　而 RTCP 模式的计算编程相对简单，编程者只需对其 X、Y、Z 节点坐标直接按 A、C 零度方位时像传统三轴位置那样计算编程即可，因旋转轴加入而引起的刀位点坐标数据的变化将由系统根据机床结构模式及特征参数自动进行补偿计算。RTCP 功能使得编程像三轴加工一样便利，不但不需预先考虑机床的结构模式及结构特征参数，而且其工件在机床上的安装位置也可以更灵活，只要通过对刀设置好工件零点，其工件零点与旋转轴心间的偏置关系即可由系统自动实现计算处理。

单元三 学习五轴加工的 CAM 刀路设计

本节以 Cimatron 软件应用为例对五轴加工的 CAM 刀路设计进行介绍。

一、五轴钻孔点位加工的刀路设计

如图 3-3-1 所示，使用 Cimatron 软件进行五轴刀路钻孔设计时，首先需要建立五轴刀轨，这样才可以在"策略"中选择"钻孔五轴"方式。选择孔位点时，要预先设定该钻孔刀轴方向（工作平面）。首先单击"钻孔点"后面的按钮，弹出"编辑点"对话框，再单击"参考"下面的"定义"按钮，再选择参考平面，并切换确认方向，如图 3-3-2 所示；然后将轴方向切换为法向，单击需要钻孔的点。若仅做各孔钻深 2mm 的点中心加工刀路，则可以在同一个程序中依次按上述操作过程将其他两个点都选中（同时也需要先对加工方向进行正确的设定）。

图 3-3-1 五轴钻孔刀轨和程序定义

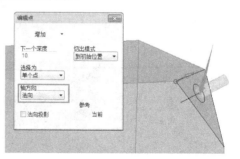

图 3-3-2 设定钻孔点的刀轴方向并设定孔

接下来在程序参数中设定钻孔深度，所选择的孔位置即为起钻位置，输入相应的全局钻孔深度即可。如果有多个不同深度的孔，则需在选择孔时即填入深度。确保孔位转换时的安全避让，建议在不超出机床行程范围的情况下启用并设置安全下刀高度，或在钻孔切出中设置旋转轴切换前沿刀轴退刀的安全距离。完成后即可得到图 3-3-3 所示的五轴钻孔刀路。

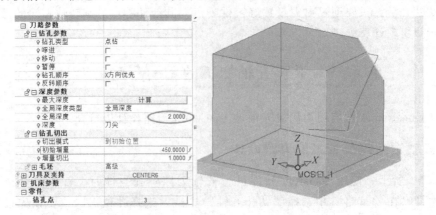

图 3-3-3　输入深度和切出高度完成刀路设计

二、五轴线廓加工的刀路设计

对空间曲线做 3D 铣削加工时，通常其刀轴方向已由刀具平面决定，而做五轴空间线廓加工时，仅指定要加工的线廓是不够的，必须给定用以确定刀轴方向的参考特征，该特征可以为直线（刀轴法矢）、参考曲面或平面（刀轴始终垂直的面）、串连线（刀具轴心经过的轨迹线）、点（刀轴经过的限定点）等，如图 3-3-4 所示。

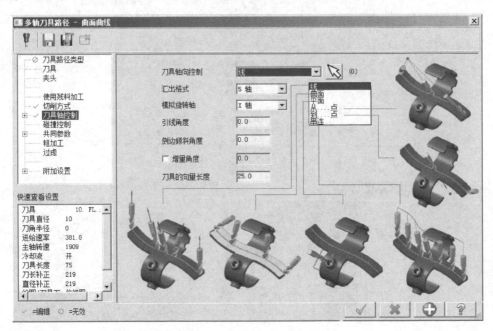

图 3-3-4　五轴线廓加工的刀轴控制方式

为了进行图 3-3-5a 所示曲面侧壁表面的加工，可分别构建其顶面和底面的曲线边廓，在以底面边廓为加工曲线做五轴线廓加工时，必须先将顶面边廓线向外做一个刀具半径的补正，然后以补正曲线作为刀轴控制的串连线，由此即可得到图 3-3-5b 所示的刀路。

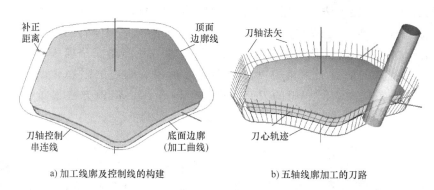

a) 加工线廓及控制线的构建　　　　　　　　b) 五轴线廓加工的刀路

图 3-3-5　五轴线廓加工刀轴控制的应用示例

由于以上曲面的顶面和底面均为同一球心的球面，侧壁表面均为曲面流线指向球心的扇面，所以对以上五轴线廓加工也可选择球心作为刀轴控制指向的点，即选择"到…点"的刀轴控制方式，同样可以得到更好的五轴线廓加工刀路。

三、五轴曲面加工的刀路设计

对曲面进行五轴加工，其关键同样在于刀具轴线的控制设定。五轴曲面加工的刀路方式很多，应根据曲面结构形式及其与相关参考特征间的关系选用。对与周侧无其他特征关联限制的曲面的加工，主要可用沿面五轴、曲面五轴、平行切削等刀路方法，如图 3-3-6 所示。此类五轴加工方法的刀路定义因关联限制较少，只需要选择加工曲面后设置走刀控制的流线方向（包括内外刀补面方位、主切削方向及步进走刀方向、起始方位等），其刀轴控制直接选择参照加工曲面（法向刀轴）即可，如图 3-3-7 所示。

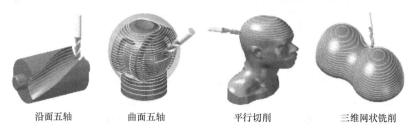

沿面五轴　　　　曲面五轴　　　　平行切削　　　　三维网状铣削

图 3-3-6　非关联限制曲面的五轴加工方法

对受周侧其他特征关联限制的曲面五轴加工，可有沿边五轴、平行到曲线、平行到曲面、两曲线之间、两曲面之间等多种刀路方法，如图 3-3-8 所示。由于这类刀路方法的加工曲面均受周侧其他特征的关联限制，因此其加工曲面、限制边界、刀轴控制等的选取应视选用的刀路方法而不同，错误的选择将导致错误的刀路结果。

例如，对图 3-3-9 所示叶轮槽的加工，既可选用两曲面之间，也可选用两曲线之间，还

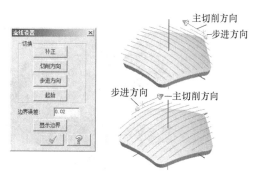

图 3-3-7　五轴走刀的流线控制

可选用平行到曲面的刀路方法。选用两曲面或两曲线之间的刀路方法时，其主要加工面是槽底面，考虑到其可能会与两侧曲面之间干涉，需要构建一刀轴控制的串连线并选择"串连"刀轴控制以限制刀轴摆转的角度；或分析刀轴与底部曲面法向垂直时与侧壁曲面间的角度差，在选择"曲面"刀轴控制时以设定刀轴相对侧边的限制角度。使用串连线刀轴控制的两曲面或两曲线间加工的刀路如图 3-3-10 所示，但该方法很难实现对两侧曲面的精确加工。

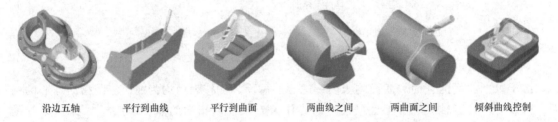

沿边五轴　　　平行到曲线　　　平行到曲面　　　两曲线之间　　　两曲面之间　　　倾斜曲线控制

图 3-3-8　有关联限制曲面的五轴加工方法

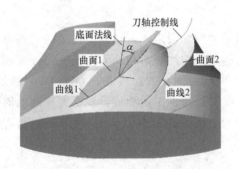

图 3-3-9　叶轮槽的关联特征

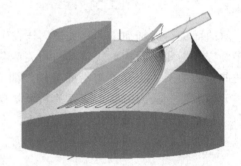

图 3-3-10　两曲面间的五轴刀路

叶轮槽的加工尚需使用平行到曲面的刀路方法分别以曲面 1、曲面 2 为主要加工面，以槽底曲面为平行边界做后续加工。通常情况下平行到曲面加工产生的刀路如图 3-3-11a 所示。这是以刀具底刃垂直于加工表面的刀路形式，势必会造成刀杆与其他表面间的干涉和过切，为此，可设置刀轴在切削方向相对于侧边的倾斜角度为 90°，通过刀轴控制的设定使刀具轴线与加工表面平行，从而获得刀具侧刃紧贴槽侧表面实施加工的刀路形式，其刀路结果如图 3-3-11b 所示。

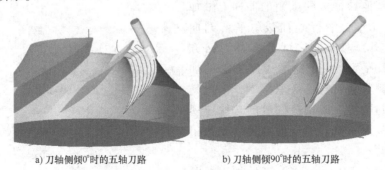

a) 刀轴侧倾0°时的五轴刀路　　　　　b) 刀轴侧倾90°时的五轴刀路

图 3-3-11　平行到曲面的五轴加工刀路

单元四 学习多轴加工的 CAM 后置设置

一、Cimatron 的后置处理器

在 Cimatron E 7.2 版本之后，可使用 GPP2 进行后置处理生成机床加工用 NC 代码，每一个后置处理器对应一种类型的机床，其中可根据机床个性化需要对一些开放的选择项进行适当的修改。由于不同结构的机床对应的参数设置及其相关算法不完全相同，因此后处理的设置将会由软件商根据用户方的机床特性及用户要求进行定制并固化好，除一些通用参数的设置开放给用户，能让用户根据个性需要予以选择设置外，通常不允许用户对关键参数特别是相关算法进行修改，也不允许在不同的机床间共用一个后置处理器，以免发生不必要的错误。

如果需要进行后处理，应先选择需要用后处理输出的刀路组，然后单击左边向导条上的后处理图标，即可进入图 3-4-1 所示的"后处理"界面。点选左侧已有的机床后置处理器列表栏中对应的机床系统型号，再在右侧 G 代码参数设置中根据输出需要进行通用参数的个性化设置，单击 ✔ 按钮即可生成 G 代码。选用不同的机床型号类别，其右侧可供个性化设置的"G 代码参数"项目内容将不相同，这就是由软件商根据常用机床特性进行预置，存入库中并预留开放给用户的可选项。

图 3-4-1 Cimatron 的"后处理"界面

二、多轴机床特征参数的设置

由于四轴机床的结构模式变化不太繁杂，Cimatron E 提供了针对四轴机床的通用后置处理器，其中有一些可供用户开放选择的参数设置项，以适应机床用户 NC 程序输出的定制需要。

图 3-4-2 所示为选用 HNC22M-XY 后置处理器的参数设置项，其对应的是使用 HNC22M 系统的四轴机床。其中第四轴可选择依 X/Y 旋转，支持左手或右手定则设定，支持强制开启切削液。如果实际机床结构是工作台上安装有附加 A 轴的立式加工中心，且 A 轴依 X 轴按右手定则旋转，则按图 3-4-2 示设定即可。注意，Cimatron E 后处理中旋转轴的方向设定是指轴自身的旋转方向，而非刀具的相对旋转方向，选择"右手"即是指该第四轴是依右手定则定义的旋转方向。如果编程产生的刀路轨迹中刀轴方向依右手定则变化（轴心上面部分由里向外转，轴心下面部分由外向里转），则生成的 G 代码中第四轴的值应逐渐减小；如果第四轴是由主轴摆动形成旋转轴且同样依右手定则定义，则生成的 G 代码为逐渐增加。

而五轴加工中多了两个旋转轴，这两个旋转
轴的设定每一台机床都不尽相同，既有双摆台、
双摆头模式，也有摆台+摆头等多种不同组合的
结构模式。如果也采用通用后置处理器的开放式
设置，两个旋转轴受机床结构、系统版本等的影
响，需要开放的选择项就会比较多，如此繁杂的
参数设置往往会让用户无可适从。因此，
Cimatron E 对五轴机床的后处理并没有采用通用
性后置处理器，而是分别提供不同固化模式的多
个后置处理器供用户选用，其在五轴后处理参数
设置中可修改的项目反而比较少。

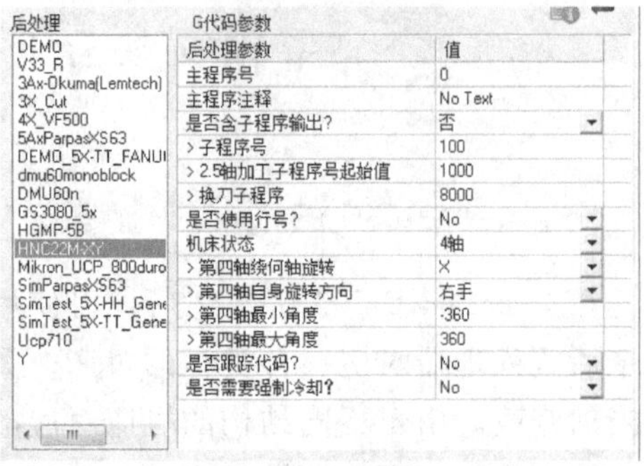

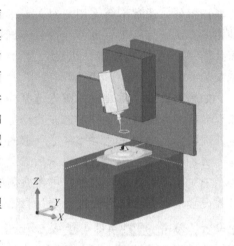

图 3-4-2　HNC22M 系统的四轴后置设置

图 3-4-3 所示是 HGMP-5B 高速五轴雕铣机的结
构模型，该机床为主轴摆头 B+转台 C 的五轴结构模
式。该类型机床结构的主要参数均已固化设置在后
置处理器中，由于其 B 轴旋转臂长随着每次装刀而
变化，是一个可变的参数项，因此在用户可设置参
数项中主要提供 B 旋转臂长（摆长）的设置项，如
图 3-4-1 所示。因该机床未标配机内对刀仪，也未配
置支持 RTCP 的数控系统，其 B 轴旋转臂长无法自
动测量获得，需要人工通过 B 轴 0°/90° 差值测量法
测量出本次装刀后的旋转臂长后，再输入到后处理
界面的对应设置项中。

图 3-4-4 所示是 JT-GL8-V 双摆台五轴联动加工
中心的结构模型和后处理界面。若拟采用非 RTCP
编程模式，需将机床标定测得的 A、C 两轴线的 Y 向

图 3-4-3　HGMP-5B 高速五轴
雕铣机的结构模型

偏置矢量输入到后处理的固定参数项目中，且零件装夹时必须保证其和 C 轴回转中心同心。
由于零件的高度不同，因此无法保证每个零件的 Z 向编程零点都设在同一高度。也就是说
零件的编程零点在 A、C 两轴的 Z 向偏置可能会是一个变化值，该偏置值的设置相对灵活，

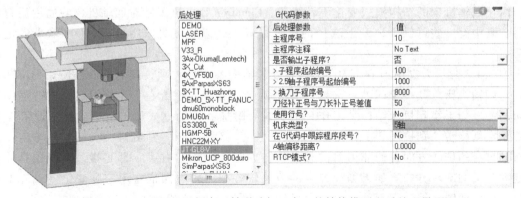

图 3-4-4　JT-GL8-V 双摆台五轴联动加工中心的结构模型和后处理界面

因此，该数据通常在其后置设置前台的可变参数项中设置。如果机床系统支持 RTCP 模式，可在后置设置中将 RTCP 模式设为 YES，这样 A、C 轴间的偏置数据就不需要在后处理参数项中输入，而应该在机床系统参数中设置。使用 RTCP 模式输出的程序中包含机床对应格式的 RTCP 功能启用的指令代码。

三、后置 NC 输出结果的基本辨识

1. 五轴程序总体格式规范的识读

以下是在 Cimatron E 中针对图 3-4-5 所示刀路轨迹，选用 HGMP-5B 机床后置处理而输出的部分 NC 代码及其释义，其格式规范可供用户在后续使用该软件自动编制五轴加工程序时作为识读参考。

在其自动编制的程序中，除程序头尾和连刀动作一段由后处理控制外，绝大部分的坐标点都与程序轨迹节点相对应。有部分坐标点根据机床的特性进行了分解，例如两个程序间的连接，上一程序的结束点到下一程序的起始点并非简单的点对点移动，而是根据实际的需要进行处理。

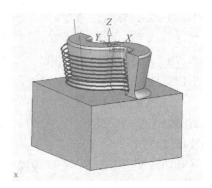

图 3-4-5　Cimatron E 刀路轨迹

CAM 输出的 NC 程序	程序释义
%0010	程序号
G54	使用 G54 参考坐标系
G64	打开 G64 小线段优化功能
N100（DATE：11.2.2015）	程序输出日期
N105（TIME：11:28:33）	程序输出时间
N110（Tool in Spindle：Q6 D＝6.R＝3.）	当前刀具名称、实际直径和端部半径
N115　M09	关闭冷却
N120（B＿Off：-81.566 -30. -39. -14.）	当前 B 轴补偿值为 81.566mm＋30mm＋39mm＋14mm 的总和
（----------> CON＿SCENARIO ＝ tool-change）	注释行，代表换刀五轴连刀动作开始
N125　G01　X0.0　Y0.0　Z17　C275.556 B-10　F2500	用五轴联动方式走到 X0　Y0　Z17，且 C 为 275.556mm，B 为 -10mm，此时进给值为 F2500
N130　X-59.093　Y1.968　Z17　F2500	走到 X-59.093　Y1.968　Z17 位置，此时进给值为 F2500
（----------> end of connect）	结束五轴连刀动作
N135　S5000　M03	主轴开始顺时针旋转，准备开始加工
N140　X-59.093　Y1.968　Z12.517 F2500	X，Y 不变，Z 下降至 12.517mm 位置
N145　X-57.357　Y1.968　Z2.669	三轴联动斜向走到 X-57.357　Y1.968 Z2.669 位置

N150　　X－55.62　　Y1.968　　Z－7.179　　以 F350 的进给,沿刀轴方向插入第一行轨迹
F350　　　　　　　　　　　　　　　　　　　　　　起始点

N155　　X－55.558　Y2.215　　Z－7.179　　以 F1200 的进给,开始进行五轴联动加工,此
C277.327　F1200　　　　　　　　　　　　　　时 C 轴角度开始变化

N160　X－55.485　Y2.456　　Z－7.179　C279.107

N165　X－55.404　Y2.701　　Z－7.179　C280.882

N170　X－55.283　Y3.194　　Z－7.179　C283.199

N175　X－55.181　Y3.435　　Z－7.179　C284.979

.......(省略中间部分)

N8805　X－13.289　Y－1.912　Z－22.425　最后一个实际加工节点
C275.593

N8810　X－13.371　Y－1.912　Z－21.955　沿刀轴方向以 F175(慢速)的进给略退大
F175　　　　　　　　　　　　　　　　　　　约 0.5mm

N8815　X－15.025　Y－1.912　Z－12.577　沿刀轴方向以 F350(稍快)的进给退刀大
F350　　　　　　　　　　　　　　　　　　　约 9.5mm

N8820　X－16.762　Y－1.912　Z－2.729　沿刀轴方向以 F2500(快速)的进给退刀至 Z
F2500　　　　　　　　　　　　　　　　　　　－2.729

N8825　X－16.762　Y－1.912　Z147.5　　提刀到比较安全的位置 Z147.5

N8830　G91　G28　Z0　　　　　　　　　提刀到机床原点

N8835　G90　G00　C0.0　B0.0　　　　　C 和 B 轴快速摆正

N8840　M30　　　　　　　　　　　　　　程序结束

若将两个刀路组一起进行后处理输出,可能中间会出现下列代码:

N11245　X－82.858　Y1.827　　Z－14.318　C275.263

N11250　X－86.278　Y1.827　　Z－4.921　F350

N11255　X－89.698　Y1.827　　Z4.476　F2500

N11260　X－89.698　Y1.827　　Z140.075　　走到轨迹最后节点

N11265　G00　Z50　　　　　　　　　　　回到安全平面 Z50

N11270　(B __ Off: －81.566　－30.－39.－14.)　输出此时 B 轴臂长

(----------> CON __ SCENARIO = through-safe)　连刀动作开始,这是一个通过安全平面
　　　　　　　　　　　　　　　　　　　　　的连刀

N11275　G91　G28　Z0　　　　　　　　Z 轴走到机床最高点

N11280　G90　G00　C0.0　B0.0　　　　B、C 轴回零

N11285　G90　G00　G80　G17　G40　　　强制取消钻孔循环及刀具补正,使用
　　　　　　　　　　　　　　　　　　　　G17 平面

N11290　G01　X－59.093　Y1.968　C275.556　以 F2500 的进给走到该点,但是 Z 保
　　　　　　　　　　　　　　　　　　　　留在最高位置

B－10.F2500

N11295　X－59.093　Y1.968　Z147.5　F2500　以 F2500 的进给走到该点

(----------> end of connect)　　　　　结束连刀

```
N11300    X-59.093    Y1.968    Z12.517    F2500
N11305    X-57.357    Y1.968    Z2.669
N11310    X-55.62     Y1.968    Z-7.179    F350
N11315    X-55.558    Y2.215    Z-7.179    C277.327    F1200
N11320    X-55.485    Y2.456    Z-7.179    C279.107
N11325    X-55.404    Y2.701    Z-7.179    C280.882
```

由以上 NC 程序示例可知，Cimatron E 的后处理能够针对五轴机床结构在更改刀路组实施连刀动作之间进行自动安全提刀的程序处理，以提高工作效率并保障走刀安全。用户只需要在第一次使用针对该机床定制的后处理时确认这些程序头尾及其连刀动作代码的安全性，并适当进行一些所需动作的可靠性测试，即可在后续应用中放心地使用。

2. 不同五轴结构模式的程序验证

以上是针对 Cimatron E 后置输出五轴 NC 程序的总体辨识，而对于其五轴刀路所生成程序的正确与否，有必要参照前述第二节中所介绍的简单五轴钻孔编程案例，进行辨识比对和初步判断。

（1）双摆台 AC 结构模式的程序验证　针对前述第三单元中所做五轴钻孔点位加工的刀路（钻深 2mm，提刀 R 面高于孔口表面 10mm），在 Cimatron E 中选用双摆台 AC 结构模式的机床后置，并设置双摆台的 Y 偏置为 165mm，Z 偏置为 -125mm，输出得到如下非 RTCP 模式的程序：

```
O0001   PROGRAM-钻镗孔
N110    G0   G17   G40   G80   G90   G94   G98      初始化模态
N112    T1   M6                                      换刀
N114    G0   G54   G90   X0   Y390   C0   A90   S1000   M3
                                  定位到钻 φ50mm 孔中心的初始位置
N116    G43   H1   Z190   M8      下刀到距孔口 50mm 的 Z 高度
N118    G81   G98   Z138   R150   F150
                                  点钻 φ50mm 孔，Z 深 140mm-2mm、R 高 140mm+10mm
N120    X24.103   Z148.622   C-60   R160.622
                                  点钻 φ20mm 孔，Z 深 150.622mm-2mm、R 高 150.622mm+
                                  10mm
N122    G80                       退出钻镗循环
N124    Z200.622                  提刀到距 φ20mm 孔口 50mm 的 Z 高度：150.622mm+50mm
N126    Z322.25                   提刀到距 φ18mm 孔口 50mm 的 Z 高度：272.25mm+50mm
N128    X0   Y293   247           走刀到 φ18mm 孔中心处
N130    C45   A60                 摆转工件至 φ18mm 孔正对钻头的位置
N132    G81   G98   Z270.25   R282.25   F150
                                  点钻 φ18mm 孔，深 272.25mm-2mm、R 高 272.25mm+10mm
N134    G80                       退出钻镗循环
N136    M9
N138    M5
```

N140　G0　G28　G91　Z0

N142　G28　C0　A0

N144　M30

对该程序进行识读解析，并与前述手工节点计算的结果进行比较，不难看出，自动编程的 NC 程序中各孔中心的五轴坐标数据与手工节点计算结果完全一致。更改钻孔深度时，其孔位的 X、Y 坐标不变，仅 Z 深度变化；更改偏置距离时将会引起 X、Y、Z 数据的变化，但 A、C 角度不变；更改 A、C 零位及旋向时，各轴数据都会产生变化。由此可初步判定以上双摆头五轴后处理参数的定制修改是合理可行的。

（2）双摆头 AC 结构模式的程序验证　针对上述刀路，在 Cimatron E 中选用双摆头 AC 结构模式的机床后置，并设置 A 轴旋转臂长为 300mm，可自动编制得到如下非 RTCP 模式的 NC 程序：

O0001　PROGRAM-钻镗孔

N110　G0　G17　G40　G80　G90　G94　G98　　　初始化模态

N112　T1　M6　　　选用 T1 刀具

N114　G0　G54　G90　X410　Y0　C90　A90　S1000　M3

　　　　定位到距 $\phi50$mm 孔口 10mm 的 $X/Y/C/A$ 起始钻孔位置

N116　G43　H1　Z-200　M8　　　下刀到 $\phi50$mm 孔的 Z 轴高度

N118　G19　G81　G99　X398　R410　F50　　　切换到 G19 面做 $\phi50$mm 孔的钻孔循环，钻深 -2mm

N122　G80　　　退出钻孔循环模态

N124　G17　X231.184　Y-352.218　C30　　　定位到距 $\phi20$mm 孔口 10mm 的 $X/Y/C$ 起始钻孔位置，A 保持不变

N126　G1　X225.184　Y-341.826　　　工进钻孔到 $\phi20$mm 孔深 -2mm 的 X/Y 终止位置

N128　G0　X231.184　Y-352.218　　　快退回到 $\phi20$mm 孔的 X/Y 起始位置

N130　X256.184　Y-395.52　　　沿 $\phi20$mm 孔轴线快退一个安全长度距离

N132　X271.086　Y271.086　Z39.69　C135　A60　　　定位到距 $\phi18$mm 孔口 10mm 的 $X/Y/Z/C/A$ 起始钻孔位置

N134　G1　X263.737　Y263.737　Z33.69　　　工进钻孔到 $\phi18$mm 孔深 -2mm 的 $X/Y/Z$ 终止位置

N136　G0　X271.086　Y271.086　Z39.69　M9　　　快退回到 $\phi18$mm 孔的 $X/Y/Z$ 起始位置

N140　M5　　　关停主轴

N142　G0　G28　G91　Z0　　　各轴回零

N144　G0　G28　X0　Y0

N146　G28　C0　A0

N148　M30

对以上程序进行识读解析，并与第二单元中介绍的节点计算结果及其手工编制的程序比较，不难看出，因 ϕ50mm 孔加工时刀轴与 X 轴平行，NC 程序是切换到 G19 平面后用 G81 钻镗循环实现的，其余两孔均是以 G00/G01 来做钻孔加工的。以上 NC 程序中，除 ϕ20mm 孔加工结束后有一个安全距离的退刀节点之前因没做计算而不好判断外，其余节点与手工计算的结果完全吻合，由此可以判定以上双摆头五轴后处理参数的修改是合理可行的。

同理，可在后处理参数项设置中使用 RTCP 模式，对其生成的 NC 程序与第二单元中介绍的 RTCP 程序进行比对和判断。

思考与练习题

1. 如何从 HNC-8 数控系统用户说明书中判定哪些 G、M 等指令功能适用于 HNC-848M 数控系统？哪些是标配功能？哪些是选配功能？

2. HNC-848M 数控系统在多轴加工方面有哪些指令功能？和三轴加工编程相比，其指令的编程规则有何不同？

3. HNC-848M 数控系统中的工作台坐标系是什么含义？基于 RTCP 的工作台坐标系编程是如何使用的？五轴加工的刀长自动补偿是如何实现的？

4. 和倾斜面坐标定向功能相关的编程指令有哪些？如何进行倾斜面特性坐标系的五轴定向加工编程？其特性坐标系该如何设置？

5. HNC-848M 数控系统在钻镗固定循环的编程规则上和 FANUC-0iM 数控系统有哪些不同？和 SIEMENS 钻镗循环功能相比，HNC-848M 数控系统增加了哪些样式钻孔和固定特征的铣削循环功能？

6. HNC-848M 数控系统钻镗循环的在机编程是如何实现的？其在机自动编制的程序是以什么形式表示的？

7. 旋转轴循环和最短路径是什么含义？该如何进行设置？其对旋转轴数据的算法及加工控制有何影响？

8. 摆头式五轴加工和摆台式五轴加工的程序算法有什么不同？要通过摆台式将侧斜面上的孔摆转至与刀具垂直的方向，通常应进行哪些几何关系的换算？

9. 若某局部结构特征在正对该面方向上为 2D 加工性质，该如何利用五轴机床实施加工？是将该面摆转至 XY 平面方向后再采用 2D 方式对刀及编程控制方便还是直接按五轴原点及坐标换算关系编程加工方便？

10. JT-GL8-V 双摆台五轴机床的 A 轴是以左手螺旋确定的正负方向，则第二单元中三孔加工时 A 轴应朝 $-Y$ 方向摆转实现。试按这一实际改编其加工程序。

11. 五轴加工的程序通常都是基于 CAM 自动编制得到的，进行五轴点位加工的手工编程有何意义？

12. Cimatron 有哪些五轴加工的刀路功能？何谓五轴加工的刀轴控制？五轴钻孔、曲线、曲面加工时通常有哪些刀轴控制方法？

13. Cimatron 五轴加工的刀路功能中如何实现粗切加工的控制？其进退刀矢量通常应如何设置？

14. 多轴曲面精修加工时，为获得较高的表面质量和切削效率，需有意将刀轴相对曲面法向做一定的倾斜，在 Cimatron 刀路定义时分别应如何设置？

15. Cimatron 的五轴后置是如何实现的？和三轴后置相比，五轴后置有什么特点？机床结构类型该如何设置或选用？

16. Cimatron 五轴加工 NC 程序输出的大致步骤如何？如何识读五轴加工的 NC 程序？

17. 在更改五轴后置设置后，你是如何初步判断由 CAM 后置所输出的五轴加工 NC 程序合理性的？是通过基于 NC 多轴仿真验证的第三方软件还是传送到机床上由机床进行仿真检查或直接试切检查？

VERICUT五轴加工仿真技术认知

单元一　构建 VERICUT 数控仿真基本环境

VERICUT 是美国 CG Tech 公司开发的一款用于数控虚拟加工的软件，它可以模拟真实的机床、毛坯及其装夹结构，对 CAM 刀路数据或 NC 程序实施由两轴到多轴数控加工的仿真验证、碰撞检查及其程序优化，以消除安全隐患、替代试切，保护机床和刀具，确保工件表面质量，优化程序，提高加工效率。

一、选用加工机床模型及控制系统

VERICUT 仿真软件系统中提供大量的机床结构模型及常用的典型数控系统，而且允许用户通过二次开发构建与自用机床结构形式相适应的新机床模型，定制符合自用机床程序代码格式要求的控制系统，以便于构建与自己工作环境类似的虚拟车间。如果仅以仿真检查为目的，选用系统机床库中自带的机床模型及控制系统即可满足使用要求。

如图 4-1-1a 所示，新建一个项目后，在项目树中选择"数控机床"，则在其下方"配置 CNC 机床"处，可单击 、 图标分别进行机床模型文件及控制系统文件的选用。单击 图标后，在图 4-1-1b 中右侧选择捷径为"机床库"，然后在左侧列表中选择所需机床模

a) 新建的项目树

b) 机床模型选用列表

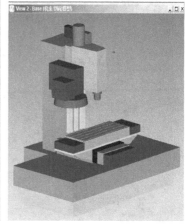

c) 选用的机床模型

图 4-1-1　仿真机床模型的选用

型 mch 文件，即可在"机床/切削模型"窗口中得到所选机床的几何模型。图 4-1-1c 所示为带斗笠式刀库的三轴数控铣床模型。选用机床模型文件时，可通过文件名标识的含义结合右侧显示的机床模型预览，找到对应结构的机床。图 4-1-2 所示为 VERICUT 机床库内部分机床结构模型。若要判断所选机床的结构模型是否符合要求，则应展开机床组件树，查看组件间的"父子"逻辑关系。常见机床类型的几种"父子"逻辑关系构成如下：

二轴车床：主轴=>附件夹具=>工件（第一家族）；

$\qquad$ Z 轴=>X 轴=>刀具（第二家族）。

三轴床身铣床：Z 轴=>主轴=>刀具（第一家族）；

$\qquad$ Y 轴=>X 轴=>附件=>夹具=>工件（第二家族）。

附加 A 轴的立式加工中心：Z 轴=>主轴=>刀具（第一家族）；

$\qquad$ Y 轴=>X 轴=>旋转 A 轴=>附件=>夹具=>工件（第二家族）；

$\qquad$ 自动换刀装置=>刀塔=>刀链（第三家族）。

转台 B 轴的卧式加工中心：Y 轴=>主轴=>刀具（第一家族）；

$\qquad$ Z 轴=>X 轴=>转台 B 轴=>附件=>夹具=>工件（第二家族）；

$\qquad$ 自动换刀装置=>刀塔=>刀链（第三家族）。

附加双摆台 $A+C$ 五轴加工中心：Z 轴=>主轴=>刀具（第一家族）；

$\qquad$ Y 轴=>X 轴=>旋转 A 轴=>旋转 C 轴=>附件=>夹具=>工件（第二家族）；

$\qquad$ 自动换刀装置=>刀塔=>刀链（第三家族）。

车削中心：C 轴=>主轴=>夹具附件=>工件（第一家族）；

$\qquad$ Z 轴=>X 轴=>刀塔=>刀具（第二家族）。

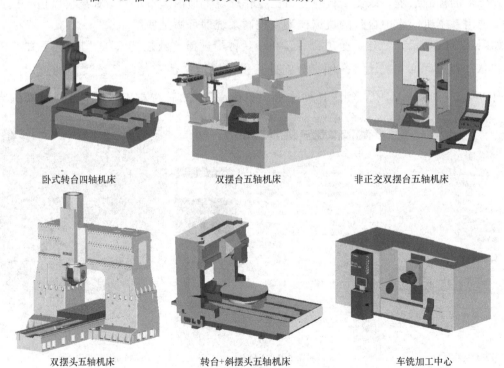

卧式转台四轴机床　　　　　双摆台五轴机床　　　　　非正交双摆台五轴机床

双摆头五轴机床　　　　　转台+斜摆头五轴机床　　　　　车铣加工中心

图 4-1-2　VERICUT 机床库内部分机床结构模型

单击 ⑤ 图标，可按图 4-1-3 所示在"机床库"选用列表中选择所需的控制系统 ctl 文件，使机床具有解读数控代码、实施插补运算等功能。要判断选用的控制系统是否与所需机床相符，需通过"配置"菜单项中"文字格式""字/地址""控制设定"等查看。其中，"文字格式"用以设置允许地址字的数据格式、使用宏时允许的关键字及其语法格式等；"字/地址"用以设置激活允许使用的 G、M 等指令代码、钻镗循环代码，各地址字在不同代码中的功用限制等；"控制设定"用以设置控制系统类型、默认运动控制状态、插补及钻镗循环指令格式、旋转轴指令格式、刀补及默认坐标系等。对于需在标准系统基础上实施功能扩展或非标系统的机床，可通过"高级选项"进行特殊控制功能的二次开发设置。

二、添加夹具和毛坯附属组件

在选好机床与系统后，就需要针对加工要求准备工装夹具和毛坯等附属组件。按照机床组件的逻辑关系，在前述机床项目树第二家族的末端单击右键选择"添加"→"附件"，再在附件下分别添加"夹具""毛坯"的组件，然后分别对夹具、毛坯单击右键选择"添加模型"并进一步选择是以基本几何实体（方块、柱体、锥体）搭建，还是通过调用及绘制二维线架后采用旋转、扫描方式构建成形实体，抑或是通过调用已构建好的模型文件的形式获取夹具及毛坯的实物

图 4-1-3　机床控制系统的选用

模型。无论采用哪种方式，对夹具和毛坯间的几何位置关系，都可在调入后通过项目树窗口下方的选项卡选择移动、旋转及组合等形式进行调整，并可分别设置各模型颜色的继承属性、是否显示以及实体、线架或透明等显示属性。属性调整选项卡如图 4-1-4 所示。

图 4-1-4　组件位置及显示属性的设置

图 4-1-5 所示为平口钳和毛坯的模型。其中毛坯是以给定长、宽、高数据的标准方块基本几何模型，而固定钳体座选用的是样例库中已有的 STL 模型文件 3_ axis_ mill_ fanuc_ body_ fxt. stl，活动钳体则是选用的 3_ axis_ mill_ fanuc_ jaw_ fxt. stl 模型文件，三者间的几何位置关系在调入后通过平移或组合配对等形式调整即可。

夹具体的几何模型可利用 CAD 软件构建后转

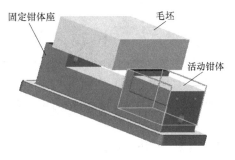

图 4-1-5　平口钳和毛坯的模型

换成 VERICUT 能识别的格式，如 STL、IGS、PRT 等数据文件格式。为使仿真及碰撞检查更具实用价值，夹具及毛坯模型应尽量按加工现场的实际尺寸结构和组合位置关系构建，其内部结构虽可适当进行简化处理，但外部所有可能对加工造成干涉的部件必须进行真实表达。

三、调入加工刀路或加工程序

VERICUT 能进行基于 CAM 软件输出的 G 代码程序（后置 NC 程序）和部分 CAM 软件输出的刀路文件（前置数据，如 APT、UG 的 CLS 等）的仿真检查。在项目树内的"数控程序"处单击右键选择"添加数控程序文件"，即可到指定的文件夹中选用所需文件并双击完成程序文件的调入，若加工程序是由内含如 M98　P×××××等指令实施子程序调用的主、子程序结构，可在项目树内的"数控子程序"处单击右键添加后缀为"SUB"的子程序文件，也支持将主、子程序存放在同一文件内的格式输出，如此可省去添加子程序文件的操作。

在将程序文件调入后，双击该程序文件即可显示程序文件的内容，编辑后应保存，以确认修改。

四、配置加工用刀具库

对于加工仿真所需使用的刀具配置，可在项目树中的"加工刀具"处单击右键选择打开已有的刀具库 TLS 文件，或选择"刀具管理器"以创建、编辑修改各刀具数据，也可通过所支持的专用 CAM 接口模块调用其在 CAM 软件中进行刀路设计时所定义的刀具数据。"刀具管理器"界面如图 4-1-6 所示，双击"刀具"或"刀柄"处可进入刀具、刀柄的结构类型选用及尺寸数据编辑对话框（见图 4-1-7）对刀具和刀柄进行设置，编辑设置后单击"修改""关闭"进行确认。

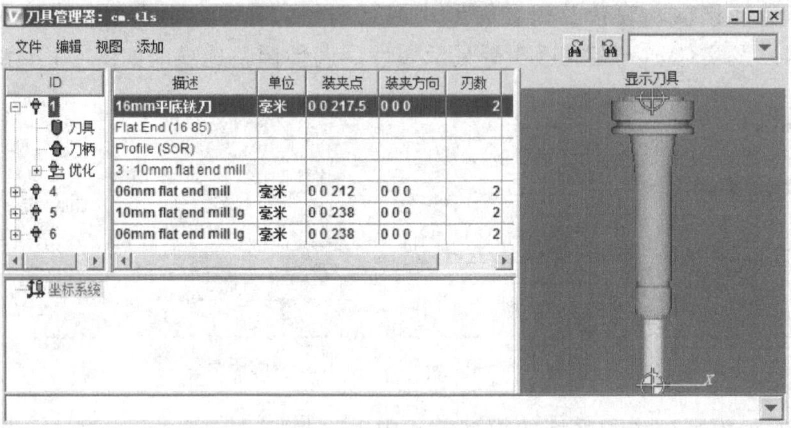

图 4-1-6　"刀具管理器"界面

所添加刀具号的 ID 标识应与加工程序相适应。对铣削刀具而言，其装夹点的数据是刀具定长，按刀位点到主轴锥孔口部（主轴下端面）与刀柄接合处的 Z 向距离设置；对车削刀具而言，其装夹点的数据按刀位点到刀盘上对刀基准点之间在 X、Z 方向的有向距离进行设置，如图 4-1-8 所示。

以上为 VERICUT 数控加工仿真环境构建所必需的五个重要仿真元素，即机床、系统、刀具、程序以及附件（夹具与毛坯）。由于不构建夹具而将毛坯虚位放置时也可像 CAM 内

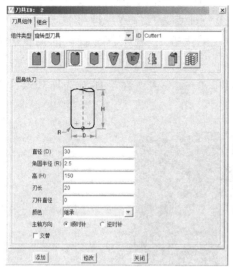

a) 标准结构刀具的设置

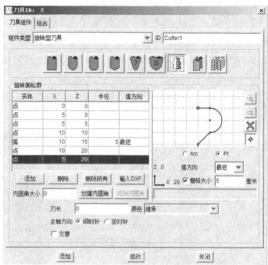

b) 成形刀具的构建

图 4-1-7 刀具数据的设置

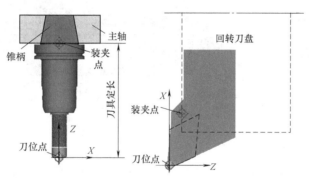

图 4-1-8 车铣刀具装夹位置关系

置的仿真模块那样实施虚拟加工,因此,系统通常将工件和毛坯合并成附属组件作为一个仿真要素进行设置和管理。

单元二 控制 VERICUT 数控仿真加工

一、对刀及坐标系偏置关系的设置

构建并设置好 VERICUT 仿真系统的环境后,需要通过对刀构建工件、刀具及机床之间的坐标位置关系,这样才可以实施数控加工仿真。

对于 VERICUT 而言,在搭建系统组件、添加夹具及毛坯、配置刀具库的过程中,各组件间的相互坐标位置关系实际上就已经确立了,进行加工仿真前唯一需要明确的是程序运行时选择哪个点为参照的程序零点来实施运动。由于工件毛坯上各特征点相对于机床坐标系已有明确的位置坐标关系，因此，VERICUT 中的对刀并不需要像实际机床上加工那样进行碰边、找中等操作，只需要告知系统以工件毛坯上哪个特征点为程序零点即可。

VERICUT 中的对刀可通过选择项目树中的"G 代码偏置"，在下部配置区的偏置名处选择"程序零点"后单击右侧"添加"按钮，选择从"组件"→"Tool"（刀具）的零点，到"坐标原点"→"Program_ zero"（程序零点），然后单击 🖈 按钮，在毛坯上选择其拟作为程序零点的特征点即可，如图 4-2-1 所示。

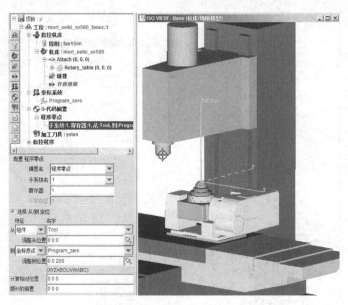

图 4-2-1 坐标系偏置关系的设置

二、MDI 运动测试

在 VERICUT 仿真环境及坐标系关系构建完成后，同样可在加工仿真前以 MDI 控制方式实施机床各可动组件间的运动关系及控制指令功能的预检查测试。

选择"项目"菜单中的"手动数据输入"项或单击工具条中的 🖻 按钮，可打开图 4-2-2所示的对话框，在其中"手动进给运动"处，可选择运动轴，设定运动步距，然后单击 ⊟ ⊞ 按钮，检查各运动轴是否能按正确的方向运动；在下面"单行程序"的文本框内输入程序指令后单击 ◑ 按钮，可执行单行程序指令功能；从程序文件中复制部分程序，然后单击编辑菜单中的"粘贴"，则程序内容将出现在程序列表区，单击 ◑ 按钮，可顺次执行单行程序指令，单击 ◑ 按钮，可连续执行多行程序指令。由此，可进行仿真前期或对程序执行期间有问题程序行的逐次检查。

三、仿真加工过程监控

1. 启动加工仿真

在所有工作准备完成后，可在图形显示区右下方 ◖ ◖ ⸋ ◗ ◗ 按钮区单击 ◗ 或 ◗ 按

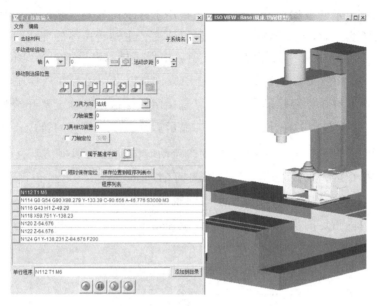

图 4-2-2 MDI 运动测试

钮，以单步或连续方式启动加工仿真，则图形显示区将进行机床加工过程的模拟仿真。随时单击 按钮可暂停仿真，单击 按钮可倒回到程序头再次开始，但已切削过的模型不会恢复，只有单击 按钮才可重置模型以重新进行模拟仿真。仿真速度可通过左侧调节杆调节，中间各指示灯用于显示仿真进程中的一些功能状态。

2. 加工仿真的信息监控

对加工仿真过程中的各种状态信息，可通过"信息"菜单中的"状态""图表"等查看。如图 4-2-3 所示，仿真状态可以显示程序执行过程中当前的刀路方案、机床及刀具位置、切削参数、错误警告等文字表达的各类数据信息。单击窗口右上部的 按钮切换到配

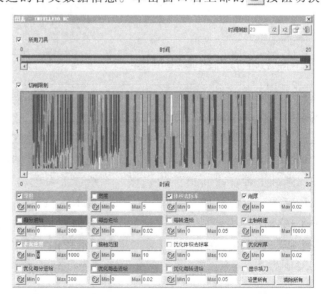

图 4-2-3 加工仿真的信息监控

置模式，可勾选要显示的数据项目。仿真图表是用于显示刀具及反映切削状况的曲线图，包括优化前后背吃刀量、宽度、材料去除率、进给速度、主轴转速等的变化状况。

通过"信息"菜单中的"数控程序"子项启用程序显示窗后，可预览和复查程序轨迹，如图 4-2-4 所示。单击 按钮并确认启动轨迹预览，系统自动运行整个程序，然后显示出全部程序轨迹线，在允许鼠标跟踪的模式下，可直接用鼠标拾取以确定要开始跟踪的起始轨迹段（行），再单击控制条中的 按钮，可逐一显示后续程序行对应的轨迹；基于模型切削的程序轨迹复查则需要先单击控制条中的 按钮启动实体模型的切削仿真，然后才可以用鼠标拾取已切削的模型区，以确定要开始跟踪复查的起始轨迹段（行），再单击控制条中的 按钮可逐一显示后续程序行对应的模型切削轨迹。除可直接用鼠标单击确定起始轨迹段外，还可在程序窗内指定的程序行单击右键设定开始跟踪的起始行和终止行，以确定轨迹跟踪的区间。

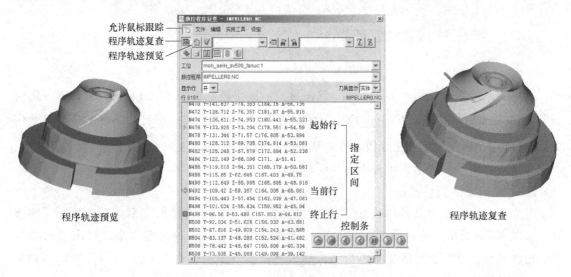

图 4-2-4　程序轨迹预览和复查

四、多工位加工仿真的设置

在一个零件的一个工序加工仿真完成后，需要翻面或掉头接续进行下一工序的加工仿真时，就需要进行多工位加工仿真的操作与设置。

通过选择"项目"菜单下的"增加新工位"，或在工位处使用"复制""粘贴"的操作方法，均可在当前工位之后添加一个新的工位，新工位将自动沿用当前工位所设置的仿真环境。在此基础上可修改新工位的机床、系统、夹具附件、程序文件及刀具库配置等仿真环境，以适应新工位仿真加工的要求。如果多个工位中的后续工位沿用早前某工位的机床环境，采用选择性的"复制"和"粘贴"的操作要比"增加新工位"的方法便利。

在多工位加工仿真中，如果某工位需要沿用前一工位已加工过的毛坯经翻面或掉头操作后作为本工位毛坯使用，应先右击控制条中的 按钮，选择仿真到"各工位结束处"暂停的设置，然后单击控制条中的 按钮进行前一工位的加工仿真。结束时，在其毛坯模型项目树处会新出现一个 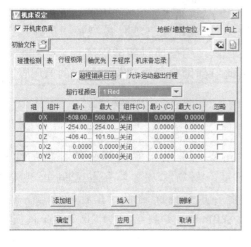 加工毛坯的项目。使用"复制""粘贴"操作或者单击"增加新工位"的方法创建一个后续工位，选择该新建工位为现用工位，并根据需要重新设置机床、系统、刀具库、夹具附件等，然后单击控制条中的 ⊙ 单步按钮，则 加工毛坯项目将转移至新工位的毛坯组件下。对该加工毛坯按新工位装夹要求实施毛坯与夹具间的翻转、移动等调整操作，完成后单击"保留毛坯的转变"按钮，即可实现前一工位加工结果到后一工位间毛坯的转换，重新设置工作坐标系后即完成该工位仿真环境的设置。对后续其他工位重复如此操作，即可实现多工位接续加工仿真的设置。

单元三　检查碰撞与优化切削

一、机床坐标轴行程范围的设置

VERICUT 中对机床坐标各轴正负行程范围的设定是以机床基点为原点来计量的。由于大多数机床模型在构建时都以主轴正对于工作台面中心的 X、Y 处且 Z 轴位于换刀高度处为机床基点位置，与实际机床中将各轴正向极限设为机床参考零点的状况有所不同，因此，若某轴正常行程范围为 L，则不可能像实际机床系统参数中那样将行程极限设为：最小 $-(L+5\sim10\mathrm{mm})$，最大 $+5\sim10\mathrm{mm}$，而应该以正负均分地设置 X、Y 行程极限为：最小 $-(L/2+5\sim10\mathrm{mm})$，最大 $L/2+(5\sim10\mathrm{mm})$；对于 Z 轴而言，若从换刀高度提刀到第二参考点的 Z 向距离为 H，则可按最小极限 $-(L+5\sim10\mathrm{mm})$，最大极限 $H+5\sim10\mathrm{mm}$ 设置。

在 VERICUT 中，可在单击菜单"配置"→"机床设定"后，选择"行程极限"选项卡（见图 4-3-1），在其列表框中对应位置设置其最小和最大坐标数据，由此实施机床行程极限的设置。设置好后单击"确定"按钮，再次进入时会在机床模型中显示所设置的运动范围。若勾选"超程错误日志"并去除"允许运动超出行程"的选中状态，即启动了行程极限检查功能，在手动和自动运行过程中若机床各轴运动超出了行程范围，则机床模型会出现红色（颜色可人为设定）警示，同时在底部日志查看区显示出超程出错的信息。若仅希望检查程

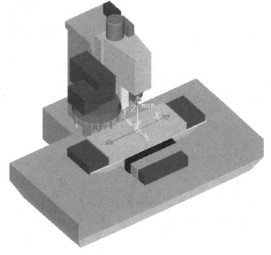

图 4-3-1　机床行程极限的设置

序加工仿真的效果，可勾选"允许运动超出行程"，则程序运行时将忽略超程问题。

二、碰撞过切的检查

在 VERICUT 中，可在单击菜单"配置"→"机床设定"后，选择"碰撞检测"选项卡（见图 4-3-2a），勾选"碰撞检测"，同时还可设置碰撞检测的安全间隙。当加工仿真运动时，被检测组件间的间隙小于设定间隙，即产生警示信息。例如，在对图 4-3-2b 所示工件进行加工仿真时，工件下底面紧贴卡爪放置，中间的圆柱通孔加工时由于下方为卡爪空位，因此并没有出现碰撞报警，当加工环槽中几处腰形通槽至槽底处时，刀具将碰撞到卡爪表面，此时即产生碰撞警示信息。碰撞过切检查可用于检查刀具与夹具及除毛坯外其他所有组件间的接触，即使是进给切削的接触也会产生警示，对刀具与毛坯工件间非进给切削运动状态下的接触、刀具非工作刃部与工件间的接触、机床组件间因移动而出现的小于允许间隙的距离，或者搁置在台面上的残留工具随着台面一起运动过程中出现的与机床其他组件间的接触等，都会出现警示。

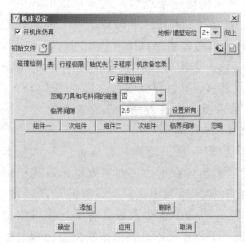

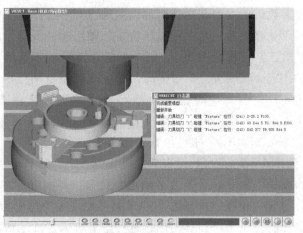

a) 碰撞检测的设置   b) 碰撞过切检查的警示信息

图 4-3-2 碰撞过切检测的设置

出现碰撞过切的警示后，开启"数控程序复查"功能，配合零件模型视图的显示，直接单击警示区中碰撞过切提示的信息行，可快速定位到产生碰撞过切的程序行。通过限定前后相关程序检查的区段，查看对应的刀路轨迹，由此可辅助分析出现碰撞过切的原因，从而找到解决问题的处置对策。

三、加工结果的检测与比对

选择菜单中的"分析"→"测量"，即可对仿真加工结果实施部分特征值的测量。测量应在零件视图下进行，测量内容包括材料厚度、材料体积、特征位置间的距离/角度、孔深等。图 4-3-3 所示是对加工后某圆柱面上一点至柱面轴心（坐标轴原点）距离实施测量的结果，按图样要求，该柱面半径应为 20mm，实测结果为 20.245mm，说明有单边 0.245mm 的欠切量，如果已是精修加工的设计，那么预示着对应的刀路参数可能需要调整。

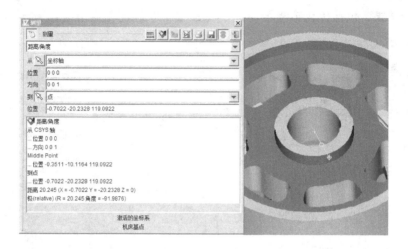

图 4-3-3　加工结果的检测

在零件最终实体模型构建完成后，可通过 CAM 软件转换生成零件的 STL 结构模型文档，然后在 VERICUT 的毛坯组件 Stock 下添加一个设计组件 Design，并将零件的 STL 模型添加到 Design 中。在实施完成零件的加工仿真后，通过选择菜单中的"分析"→"自动—比较"，设置比较方式为"过切+残留"，两者均进行比较并设定比较的偏差，然后单击对话框中的"比较"按钮即可在图形区显示过切与残留的区域，单击"报告"即可查看比对结果的报告，如图 4-3-4 所示。

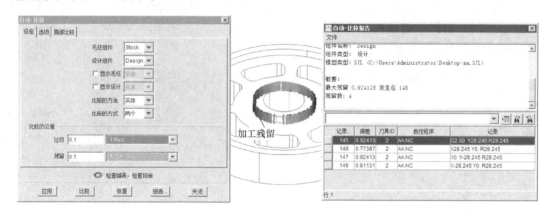

图 4-3-4　加工结果与设计模型的比对

四、切削优化的设置

要对已有刀路及 NC 程序通过仿真进行切削加工的优化，需要先对刀具系统中程序加工所用刀具进行优化方案的添加和设置后方可实施。

启用刀具管理器，选择加工所用刀具后单击右键，添加一个新的刀具优化，在弹出的图 4-3-5a 所示的设置中选择一种优化计算的方法，比如选择材料"体积去除"的优化方法并锁定一个固定的主轴转速，确认添加并保存刀具的改变，然后通过菜单中的"优化"→"控制"，开启优化控制功能（见图 4-3-5b），再启动加工仿真的模拟过程，仿真结束后即显示优化计算的结果，包括优化节省的时间、每加工 100 件优化后节省的成本等信息，如图 4-3-5c所示。

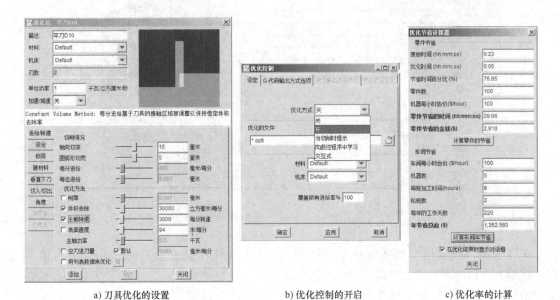

a) 刀具优化的设置   b) 优化控制的开启   c) 优化率的计算

图 4-3-5　切削优化的设置

优化处理完成后，系统将自动产生一个后缀为 opti 的优化程序文档，通过菜单中的"优化"→"比较文件"，可进行优化前后 NC 程序文档的比对，如图 4-3-6 所示。从程序比对中可方便地查看系统优化处理的结果。

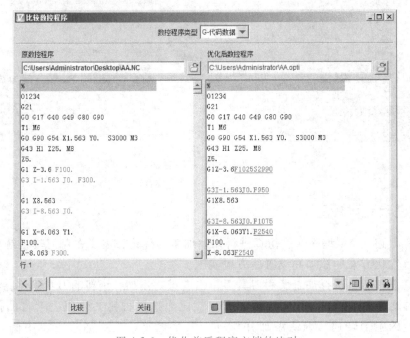

图 4-3-6　优化前后程序文档的比对

单元四　VERICUT 五轴加工仿真的应用案例

一、JT-GL8-V 五轴机床模型的搭建

1. 机床结构部件的模型构建

JT-GL8-V 五轴机床内部的主体结构如图 4-4-1 所示。可用 CAD 先后构建出机床基座、立柱、横梁等固定框架部件的 3D 模型，并分别以 STL 数据格式保存，再构建出竖直放置的 X 轴拖板、Z 轴拖板（含主轴），水平放置的 Y 轴拖板、AC 轴伺服电动机部件与摇篮座、摇篮 A 摆台、C 轴转台等活动部件的 3D 模型，分别保存为 STL 数据文档。为减少后续在 VERICUT 中进行模型装配搭建时各部件位置调整的工作量，在对固定框架部件进行建模时，各部件的位置可按其相对于机床基点（工作台面中心）的关系来预构建，如图 4-4-2 所示。

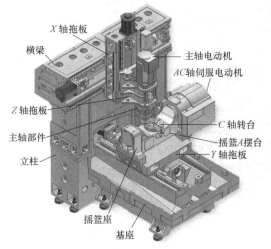

图 4-4-1　JT-GL8-V 五轴机床内部的主体结构

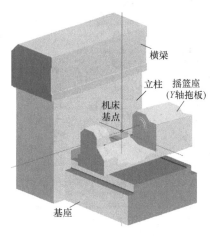

图 4-4-2　按相对位置关系对固定部件进行建模

由于 VERICUT 仿真并不会针对机床结构部件进行机构受力分析的仿真检查，因此对部件模型的构建可适当进行结构简化，对于固定框架类机床部件，可不需要做内部细节结构的建模，能大致体现其尺寸大小和结构外观特征即可。VERICUT 中部件间运动关系的实现仅需进行逻辑关系的设置，不需要按机械传动关系构建即可实施动作仿真，因此，可不用进行驱动电动机、丝杠和丝杠螺母传动副等模型的构建。但对于与工件加工密切相关的工作部件，如主轴头、摇篮 A 摆台和 C 轴转台、夹具附件和坯件、刀具等必须按机床现场的实际工作环境如实构建，包括结构形状、位置尺寸关系等，否则，无法准确检查出其可能引发的干涉碰撞。

2. JT-GL8-V 五轴机床模型的搭建

在各机床部件模型构建完成后，即可在 VERICUT 中进行该机床总体结构模型的搭建。按图 4-4-3 左侧所示的树枝结构，在基体"Base"（基体）中逐次添加已按相对位置关系构建好的基座、横梁、立柱的 STL 模型文件，以形成机床的固定框架结构，然后在基体树干搭建第一家族的运动分支，即以 X 轴 => Z 轴 => 主轴 => 刀具的父子关系，先添加 X 线性轴，

载入 X 拖板的 STL 模型文件，在 X 树枝上添加 Z 线性轴，载入 Z 拖板的 STL 模型文件，在 Z 树枝上再添加刀具主轴的模型文件。接着，在基体树干上搭建第二家族的运动分支，即以 Y 轴 => A 轴 => C 轴 => 附件的父子关系，先添加 Y 线性轴，载入 Y 拖板的 STL 模型文件，在 Y 树枝上添加 A 旋转轴，载入 A 摆台的 STL 模型文件，在 A 树枝上再添加 C 旋转轴并载入 C 转台的模型文件，其 A、C 两轴轴线的位置关系在此暂按标准设计的 Y、Z 偏置矢量均为零值进行布局（为获得更真实的模拟效果，A、C 轴间关系应根据实际机床标定的 Y、Z 方向偏置矢量进行微调），即 C 轴转台的上表面中心为 A、C 两轴的交点。搭建后的机床结构模型如图 4-4-3 右侧所示。

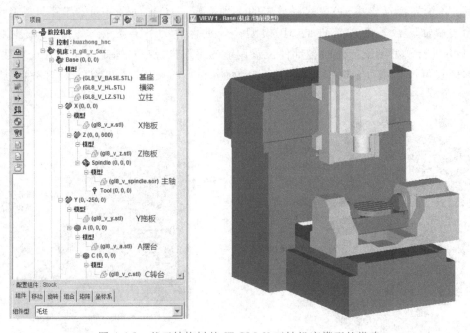

图 4-4-3　基于结构树的 JT-GL8-V 五轴机床模型的搭建

3. 机床护罩及特征标识的辅助构建

要构建与 JT-GL8-V 五轴机床相一致的虚拟机床模型，除了上述机床内部组件模型的构建外，还需就机床外罩、防护门、微标（Logo）及数控操作面板挂件等代表机床特征标识的固定组件进行辅助构建。对于机床外罩和防护门，可在简易测绘后用 CAD 建模以供调用，而 Logo 及数控操作面板挂件则可在 CAD 中先对像素图片进行矢量化处理，然后拉伸成实体再保存为 STL 数据模型供调用。由于在 VERICUT 中的颜色属性是对某一 STL 模型整体赋予的，因此，对 Logo 及面板挂件中具有不同颜色特征显示的部分，应各自独立地构建 STL 模型。图 4-4-4 所示是对 JT-GL8-V 五轴机床各不同颜色特征的 Logo 分别构建 STL 模型的过程。

图 4-4-5 所示为在 VERICUT 中全部搭建完成后的 JT-GL8-V 五轴机床的整体结构模型。

二、HNC-848M 数控系统环境的设置

基于 HNC-848M 数控系统编程规则，在 VERICUT 中可用 Fan_ xx_ m.ctl 铣削控制系统为蓝本，在其基础上进行如下主要内容的系统控制功能的添加和删减，最后另存为 HNC-848.CTL 控制文档。

a) Logo图案的矢量化　　　　　　b) 分别拉伸构建模型　　　　　　c) 数控面板的建模

图 4-4-4　机床特征标识图案的特色建模

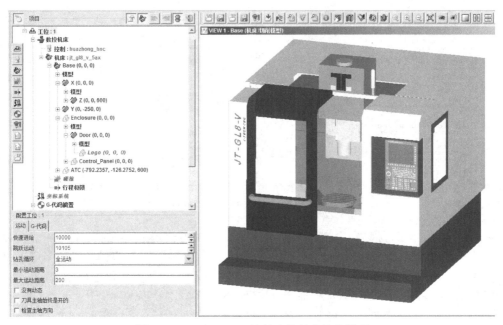

图 4-4-5　JT-GL8-V 五轴机床的整体结构模型

单击 VERICUT 主菜单"配置"→"字/地址"功能项，可在弹出的对话框中按图 4-4-6 所示进行基于 HNC-848M 系统的 G 代码控制功能设置，主要包括：在特殊代码指定中添加允许"%"作为程序号地址；在指令代码声明中添加该系统支持的 G 代码功能及宏调用关系，删去系统不支持的 G 代码功能；在宏变量注册中为 I、J 变量添加其对 G76/G87 钻镗循环支持的注册许可，为 K 变量添加其对 G73/G83 钻镗循环支持的注册许可，删除 Q 变量对 G76/G87 钻镗循环的注册支持等。若未进行这些变量注册的设置，当执行程序语法检查或运行加工仿真时，将会在信息区显示"××代码不支持"的信息警示。

由于 HNC-848M 数控系统既可用 G80 取消固定循环，也可由 01 组的 G 代码取消固定循环，因此，在单击主菜单"配置"→"控制设定"弹出的图 4-4-7 所示的对话框中，可设定允许 01 组 G 功能取消钻镗固定循环。这样在几个钻镗循环之间可直接用 G0 实施孔间定位移动，而不需先用 G80 取消固定循环。如果此处设定为"否"，那么，当运行按 HNC-848M 数控系统编程规则编制的程序，在孔间没用 G80 取消循环而直接使用了 G0 的坐标移动时，就会出现信息警示。

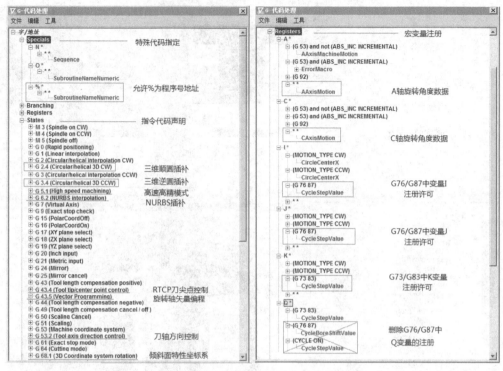

图 4-4-6　HNC-848M 数控系统的功能设定

三、五轴加工仿真的案例应用测试

1. 程序、附件毛坯及刀具的载入

在以上构建完成的 JT-GL8-V 五轴机床仿真环境中，针对图 3-2-1 所示五轴钻镗加工的案例进行仿真加工的应用测试。

由于该机床模型以 C 轴转台的上表面中心为 A、C 两轴的交点，其 A、C 两轴在 Y 向的偏置为 0mm，若以转台上表面中心为工件编程零点，其 A、C 两轴的 Z 向偏置也为 0mm，因此，项目三第二单元中按 Y 偏置 165mm，Z 偏置−125mm 进行手工编制的非 RTCP 示例程序并不适用该机床，需在 CAM 均按 0mm 偏置设置后重新生成非 RTCP 模式的程序

图 4-4-7　01 组取消固定循环的设定

文件供调用，但项目三第二单元中给出的 RTCP 模式程序可直接载入供 RTCP 功能测试使用。该箱体零件的毛坯也需由 CAM 软件建模，再存为 STL 模型文件后供调用。如图 4-4-8 所示，可在 VERICUT 中第二家族的 C 树枝上添加夹具附件及毛坯模型的枝状结构，然后分别添加载入压板螺钉的夹具及 STL 毛坯模型。

从工艺角度考虑，该箱体零件几个孔的钻镗加工需先用 φ16mm 中心钻点中心孔，再分别用 φ18mm 钻头钻斜面上的孔，用 φ20mm 的钻头钻两侧壁表面的孔（含 φ50mm 孔的预钻），然后用 φ16mm 的铣刀将 φ50mm 孔预铣到 φ49.7mm，最后再用 φ50mm 镗刀精镗孔。

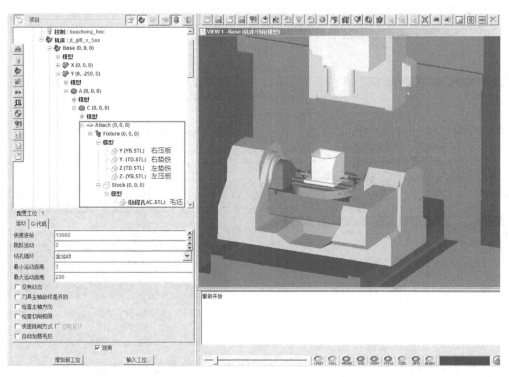

图 4-4-8　立式 AC 转台机床添加夹具及 STL 毛坯模型转台五轴加工仿真的范例

为此，可在 CAM 中重新设计刀路，然后分别得到多把刀具加工的 RTCP 及非 RTCP 两种模式的 NC 程序，并加载到 VERICUT 中。根据这一工艺安排，在 VERICUT 中需分别构建图 4-4-9 所示的 $\phi16mm$ 中心钻，$\phi18mm$、$\phi20mm$ 的钻头，$\phi16mm$ 的立铣刀和 $\phi50mm$ 的精镗刀，其中精镗刀需在刀具系统中专门绘制，且各刀号 IP 标识应和程序相一致。

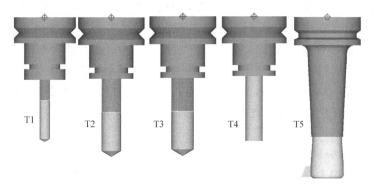

图 4-4-9　钻镗孔加工用刀具的构建

2. 行程极限及碰撞检测的设置

针对该机床各轴的行程极限，应根据其各轴的行程范围进行设置，如图 4-4-10 所示。例如，其 A 轴的旋转极限应按 $-42°\sim120°$ 设置，C 轴旋转极限按 $-360°\sim360°$ 设置。

在启用行程极限检查的基础上，对五轴加工过程中可能的运动碰撞可按图 4-4-11 所示，仅就主轴组件（含刀具）与 Y 轴组件（含 A 轴组件、C 轴组件、夹具组件），夹具组件（含工件）与 Y 轴（仅含摇篮座，不含 A、C 次组件），夹具组件（含工件）与机床护罩结构件之间实施干涉检测，当运动中这些部件间的临界间隙小于设定值时，将会在信息区显示警示信息。

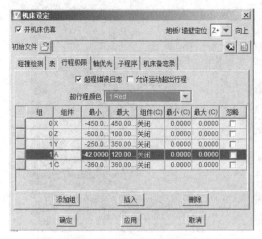 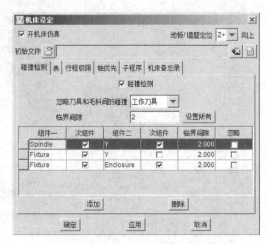

图 4-4-10　JT-GL8-V 五轴机床行程极限的设置　　　图 4-4-11　机床部件间碰撞检测关系的设置

3. 对刀设定及五轴钻镗孔加工的仿真检查

该钻镗加工的程序零点位置在 C 转盘的回转中心，即毛坯安装底面的中心处，可通过工作偏置设置由组件 Tool 到该毛坯底面中心构建程序零点，由此即可完成 VERICUT 的对刀设定，其刀长补偿关系由系统根据刀具系统中的定义而自动提取各刀长数据。

通过单击仿真演示工具条的 ⊙ 按钮并用右键设置仿真为换刀暂停，可连续查看每把刀具的切削结果。图 4-4-12 所示是仿真演示的最终结果。若以单步方式逐次单击 ⊙ 按钮可查看进给仿真的每步动作，当刀路设计的提刀高度不够时，可查看到用红色显示的刀具碰撞的干涉现象；当后置产生的程序出错或夹具布局不合理时，同样可检查出其可能的干涉碰撞现象，并能从报警显示区查询定位到干涉碰撞出现的程序行。例如，图 4-4-12 所示的警示信息中显示主轴与 C 轴转台间多次出现碰撞，经细致分析可知是由于 A 轴转至 90°时，其孔位中心到转台底面的距离偏小所致，因此应在工件底部加装垫块以增大该距离。图 4-4-13 所示是使用 ϕ16mm 的立铣刀做扩孔铣削加工实施 Y 负向移动时，刀柄长度偏短导致的主轴头与 A 摆台转到 90°后的 C 轴转台出现的干涉碰撞现象。此干涉碰撞即使加装垫块也未必能排除，应将此刀具的刀柄换用加长型刀柄才能解决。

4. RTCP 功能的仿真测试

和在实际机床上加工一样，使用非 RTCP 模式程序做仿真检查时，要求工件安装后其工件零点必须在与设计思路相一致的位置，任何方向距离上的偏装都会导致其加工结果不正确。RTCP 模式的程序与机床结构无关，程序中的 X/Y/Z 坐标数据未经偏置关系换算，是相对于工件零点的原始数据，其补偿计算由机床系统根据其标定的轴间偏置矢量、工件零点相对于 A、C 中心的偏置矢量等数据关系实时进行。因此，即使安装时工件零点在机床上与 A、C 中心间存在偏离，通过对刀找正后系统也能自动确定其偏置矢量关系，这比使用非 RTCP 模式程序要方便灵活得多。

在 VERICUT 中实施基于 RTCP 程序的仿真测试时，可随意调整工件在工作台上的坐标

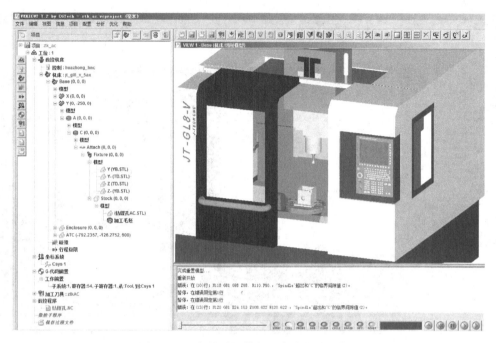

图 4-4-12　钻镗孔五轴加工仿真的演示结果

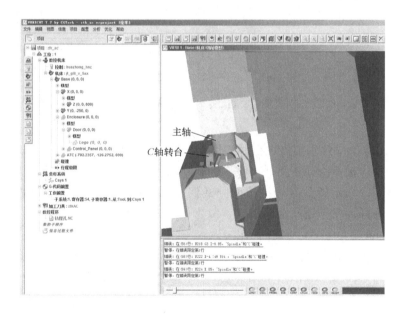

图 4-4-13　钻镗孔五轴加工仿真的干涉碰撞

位置，使用含启用 RTCP 功能指令（如 G43.4）的同一程序，对工件处于不同装夹位置时进行加工仿真的测试，以查看 RTCP 功能效果。在进行对刀偏置的设定时，若选用工作偏置方式，寄存器号设为 54，而选用程序零点方式时寄存器应设为 1，且在机床旋转轴控制设定中应启用 RTCP 相关功能设置。图 4-4-14 所示是基于 RPCP 工件偏装的设置及其仿真测试。

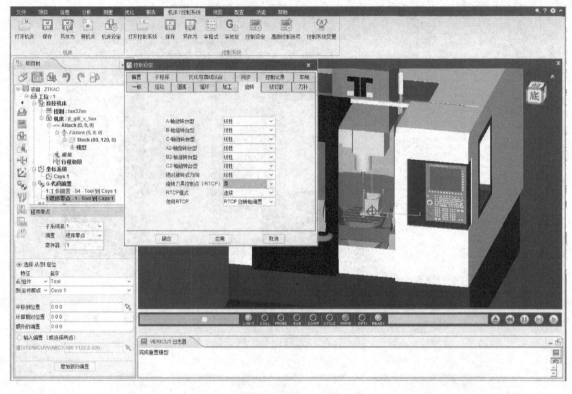

图 4-4-14　基于 RPCP 工件偏装的设置及其仿真测试

思考与练习题

1. 使用 VERICUT 软件主要需进行哪些仿真环境要素的构建？做什么性质的虚拟加工可直接选用类似的机床模型，而不需严格按自用机床尺寸结构重构机床结构模型？

2. 采用题图 4-1 所示转台 B 轴结构的卧式四轴加工中心，其机床结构模型需分几个组件树枝，应按什么样的父子逻辑关系搭建？

3. VERICUT 可基于 CAM 编制的 NC 实施仿真，其所适用机床数控系统的编程规则是由什么文件决定的？在 VERICUT 中大致是如何修订或追加编程规则的？

4. 如何构建夹具和毛坯附属组件模型？使用 CAD 软件构建什么格式的数据模型可供 VERICUT 调用以作为夹具、毛坯、刀具或机床结构组件？

5. 夹具、毛坯及机床各组件间的安装和位置调整是如何进行的？组件间配对和对齐的位置调整方法有什么不同？

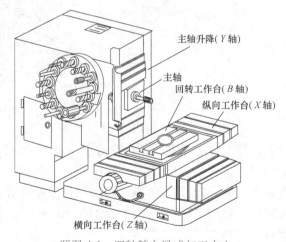

主轴升降(Y轴)

主轴
回转工作台(B轴)
纵向工作台(X轴)

横向工作台(Z轴)

题图 4-1　四轴转台卧式加工中心

6. 如何调入仿真加工用 NC 程序？带子程序的，其子程序是否需要合并到主程序文件中存放？

7. 应如何构建加工用刀具模型？构建铣削刀具系统包括哪些组件？其装配位置关系如何控制？

8. 非标的定制刀具模型可通过什么形式构建？调用 CAD 绘制的 DXF 刀具数据是一个完整的 3D 刀具结构模型吗？既然铣削刀具显示的仅为无刃效果的圆杆，为什么要将刀具刃部、杆部及刀具夹持部分区分开来？

9. VERICUT 各组件间均是按相对坐标位置关系而构建的，其对刀及坐标系构建与实际机床的对刀操作有何不同？如何设置才可达到预期的对刀效果？为什么有时候对刀的结果会导致程序执行时刀具碰不到工件或者切削到了夹具深处？

10. 装调设置旋转轴时应特别注意哪些内容？VERICUT 中通过 MDI 运动能测试哪些内容？旋转轴摆转时若出现工件、夹具座体等的偏心运动，可能是哪些设置出现错误？

11. 多工位仿真是什么概念？如何进行多工位加工仿真环境的构建？工位间半成品毛坯如何转换？

12. VERICUT 能进行哪些项目内容的仿真检查？如何进行加工轨迹的检查和分析？多轴加工的碰撞检查包括哪些内容？VERICUT 和 CAM 软件中机床仿真的碰撞检查有何异同之处？

13. VERICUT 的加工结果检测和比对能反映哪些问题？其用于比对的数据模型是什么？过欠切量如何分析？

14. VERICUT 的切削优化指的是什么？能优化哪些内容？要实现切削优化，需要用户进行什么内容的设置？主要提供哪些经验数据？

15. 说出使用带附加 A 轴的立式加工中心实施四轴加工仿真的大致过程。

16. 说出使用数控双轴转台 3+2 机床结构模式的加工中心实施叶轮零件加工仿真的大致过程。若已有机床双轴转台模型为 $B+C$ 的结构，如何修改使之成为 $A+C$ 的结构模式？

17. 如何借助 CAM 制作一个机床的 Logo 并将其添置到 VERICUT 的机床外罩上，以实现自用机床外观的构建？

18. VERICUT 提供有哪些 CAM 软件之间的接口？如何实现 CAM 与 VERICUT 的数据对接？

项目五

箱体零件五轴加工工作案例

单元一 零件加工工艺分析与设计

一、箱体零件的图样及工艺分析

图 5-1-1 所示箱体零件，采用铸造毛坯，其内腔和外侧上部 200mm×200mm 各面分别由铸造得出，现需要在三个不同表面分别钻出三个 ϕ10mm 的通孔，且前侧面尚需加工出一个 80mm×60mm 深 3mm 的矩形槽，槽口四周均为 10° 的锥壁表面。从工艺角度考虑，该箱体零件三个需钻孔的表面均应先进行面铣加工，然后用中心钻钻中心孔后，再用 ϕ10mm 钻头钻各表面上的孔，接着用平底铣刀铣前侧表面上 80mm×60mm 的矩形槽，最后用平底铣刀沿矩形槽周边铣出 10° 的锥壁表面。若使用双摆台五轴机床，可在其工作转台上一次装夹后，通过转台摆转将各表面转至正对主轴角度方位，以五轴定向的方式实施加工，但前侧表面中矩形槽周边的锥壁表面则需通过五轴联动的方式实施加工。

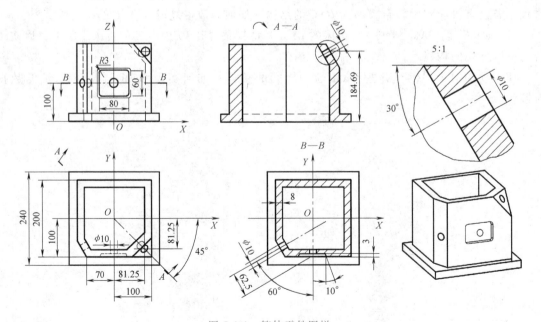

图 5-1-1 箱体零件图样

二、箱体零件的加工工艺方案

基于以上分析，初步确立该箱体零件加工工艺方案为：先用 $\phi80mm$ 的盘铣刀分别对需钻孔的三个表面实施面铣，深度按图样尺寸关系控制，确保有平直的钻孔表面；然后用 $\phi2.5mm$ 的中心钻以五轴钻孔方式对三孔进行钻中心孔，钻深 2mm；接着换 $\phi10mm$ 钻头以五轴运动方式先后钻三个表面上的通孔，钻深>12mm；接着用 $\phi5\sim\phi6mm$ 的平底铣刀铣前侧表面上 80mm×60mm 的直壁矩形槽，铣深 3mm；最后用 $\phi5\sim\phi6mm$ 的平底铣刀沿矩形槽周边以五轴摆角方式铣出 10°的锥壁表面。具体工艺方案见表 5-1-1。

表 5-1-1　箱体零件三面钻铣加工工序卡片

产品名称	数控加工工序卡片	零(部)件图号	工序名称	工序号
箱体			三面钻铣加工	
材料名称	材料牌号			
铸铁				
机床名称	机床型号			
双摆台五轴	JT-GL8-V			
夹具名称	夹具编号			
压板螺钉				

相对零件图样在工作台面上旋转 180°装夹

工步	工作内容	刀具	主轴转速/ (r/min)	背吃刀量/ mm	进给速度 F/ (mm/min)
1	铣三表面(五轴定向)	$\phi80mm$ 盘刀	2000	0	200
2	钻三个孔的中心孔(五轴定向)	$\phi2.5mm$ 中心钻	2000	-2	150
3	钻三个通孔(五轴定向)	$\phi10mm$ 钻头	2500	-12	150
4	铣直壁矩形槽(五轴定向)	$\phi5\sim\phi6mm$ 铣刀	3200	-3	200
5	铣矩形槽锥壁(五轴联动)	$\phi5mm$ 铣刀	3200	-3	200

单元二　箱体零件五轴加工的手工编程

本零件的五轴加工以充分利用 HNC-848 数控系统的五轴指令功能，采用手工编程方式编制其加工程序。

一、面铣加工的倾斜面特性坐标系构建及编程

对箱体零件图样中三个需钻孔表面的铣削加工，可使用倾斜面指令先构建出特性坐标系，再在该坐标系中进行编程。

1. 使用 G68.1 指令的编程处理

参照 JT-GL8-V 双摆台五轴机床的结构特点，工件拟按图 5-2-1 所示方位装夹，其有矩形槽的表面应朝向立柱一侧（+Y 方向）。若对刀设定的工件坐标系零点在工件下表面中心，该三个特性坐标系可按如下构建（其特征点坐标可通过 CAD 建模后查取）。

右前侧斜表面用 $Q1$ 指定，如图 5-2-2a 所示。其特性坐标系零点 $P1$ 在工件坐标系的坐标为（70，100，200），特性坐标系 X 轴正方向取该面另一顶点 $P2$ 为（100，48.038，200），特性坐标系 XY 平面一、二象限点取该面孔中心点 $P3$ 为（83.75，76.184，100）。

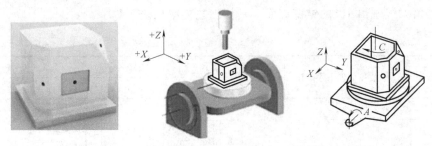

图 5-2-1　箱体零件及其五轴加工的装夹

前侧表面用 $Q2$ 指定，如图 5-2-2b 所示。其特性坐标系零点 $P1$ 取前侧面与左侧面在上部的交点，其在工件坐标系的坐标为（-100，100，200），特性坐标系 X 轴正方向取该面上部另一侧的顶点 $P2$（70，100，200），特性坐标系 XY 平面一、二象限点取该面孔中心点 $P3$ 为（0，100，100）。

左前侧顶部斜表面用 $Q3$ 指定，如图 5-2-2c 所示。其特性坐标系零点 $P1$ 在工件坐标系的坐标为（-100，50，200），特性坐标系 X 轴正方向取上部另一角点 $P2$ 为（-50，100，

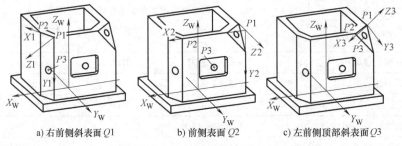

a) 右前侧斜表面 $Q1$　　　　b) 前侧表面 $Q2$　　　　c) 左前侧顶部斜表面 $Q3$

图 5-2-2　箱体三个表面的特性坐标系构建关系

200），特性坐标系 XY 平面一、二象限点取该面孔中心点 $P3$ 为（-81.25，81.25，184.69）。

以上特性坐标系 $Q1$、$Q2$、$Q3$ 应在系统的 CNC 界面中进行预设置，按此设置，则该三个表面可通过 G68.1 以倾斜面特性坐标系调用方式，采用以下程序实施加工，其走刀路线设计分别如图 5-2-3~图 5-2-5 所示。

```
%0001

T1  M6

G54  G90
```

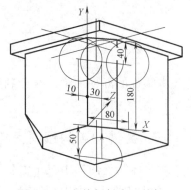

图 5-2-3　右前侧斜表面的加工

M03 S2000	
G43.4 H1	指定旋转轴角度编程方式,并启用 RTCP 功能
G00 X0 Y0 Z220 A0 C0	移到毛坯正上方
G68.1 Q1	选择并启用 1 号特性坐标系
G53.2	启用刀轴方向控制
G00 X30 Y-50 Z100	移到毛坯外起刀点处
Z0 M8	刀具下移到毛坯外 Z0 处
G01 Y140 F200	工进铣平面
X-10	
X80	
G01 Z10	工进提刀到 Z10 处
G00 Z100	快速提刀到 Z100 处
G69	取消并停用所选特性坐标系
G0 A0 C0	
G49	取消 RTCP 功能
G43.4 H1	启用 RTCP 功能
G00 X0 Y0 Z220 A0 C0	移到毛坯正上方
G68.1 Q2	选择并启用 2 号特性坐标系
G53.2	启用刀轴方向控制
G00 X-50 Y20 Z100	移到毛坯外起刀点处
Z0 M8	刀具下移到 Z0 处
G01 X210 F200	双向行切铣平面
Y60	
X-50	
Y100	
X210	
Y140	
X-50	
G01 Z10	工进提刀到 Z10 处
G00 Z100	快速提刀到 Z100 处
G69	取消并停用所选特性坐标系
G0 A0 C0	
G49	取消 RTCP 功能
G43.4 H1	启用 RTCP 功能
G00 X0 Y0 Z220 A0 C0	移到毛坯正上方
G68.1 Q3	选择并启用 3 号特性坐标系

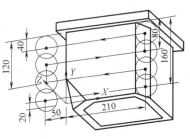

图 5-2-4　前侧表面的加工

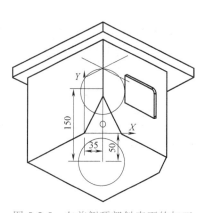

图 5-2-5　左前侧顶部斜表面的加工

G53.2	启用刀轴方向控制
G00 X35 Y−50 Z100	移到毛坯外起刀点处
Z0 M8	刀具下移到 Z0 处
G01 Y100 F200	工进铣平面
G01 Z10 M9	工进提刀到 Z10 处
G00 Z100 M5	快速提刀到 Z100 处
G69	取消并停用所选特性坐标系
G0 A0 C0	
G49	取消 RTCP 功能
M30	

2. 使用 G68.2 指令的编程处理

使用 G68.2 指令格式编程时，需先理顺各加工面的进动、盘转及旋转变换的角度关系。图 5-2-6 所示为右前侧斜表面的角度转换关系，先将工件零点平移至（70，100，200）处后，绕 Z 轴做−60°的进动变换得到 X1/Y1/Z1，再将 X1/Y1/Z1 绕 X1 做−90°的盘转变换得到 X2/Y2/Z2，由于 X2/Y2/Z2 已符合特性坐标系的方位要求，因此绕 Z2 的旋转变换角度为 0°。为此，该特性坐标系变换可编程为：G68.2 X70 Y100 Z200 I−60 J−90 K0。前侧表面、左前侧顶部斜表面的角度转换关系如图 5-2-7 和图 5-2-8 所示，其对应的特性坐标系变换编程分别为 G68.2 X−100 Y100 Z200 I0 J−90 K0（前侧）、G68.2 X−100 Y50 Z200 I45 J−60 K0（左前侧顶部斜表面）。

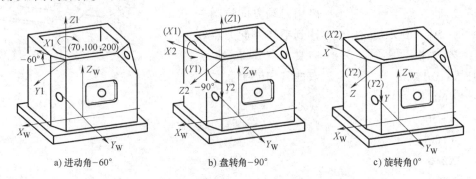

a) 进动角−60°　　　　b) 盘转角−90°　　　　c) 旋转角 0°

图 5-2-6　右前侧斜表面的角度转换关系

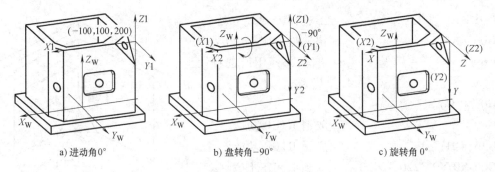

a) 进动角 0°　　　　b) 盘转角−90°　　　　c) 旋转角 0°

图 5-2-7　前侧表面的角度转换关系

由此，按照前述的走刀路线设计，该箱体三个表面使用 G68.2 做特性坐标系变换处理

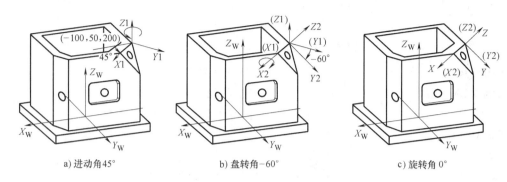

a) 进动角45°　　　　b) 盘转角−60°　　　　c) 旋转角0°

图 5-2-8　左前侧顶部斜表面的角度转换关系

的程序编制如下：

%0002	
T1 M6	
G54 G90	
M03 S2000	
G43.4 H1	指定旋转轴角度编程方式,并启用 RTCP 功能
G00 X0 Y0 Z220 A0 C0	移到毛坯正上方
G68.2 X70 Y100 Z200 I−60 J−90 K0	变换特性坐标系
G53.2	启用刀轴方向控制
G00 X30 Y−50 Z100	移到毛坯外起刀点处
Z0 M8	刀具下移到毛坯外 Z0 处
G01 Y140 F200	工进铣平面
X−10	
X80	
G01 Z10	工进提刀到 Z10 处
G00 Z100	快速提刀到 Z100 处
G69	取消并停用所选特性坐标系
G0 A0 C0	
G49	取消 RTCP 功能
G43.4 H1	启用 RTCP 功能
G00 X0 Y0 Z220 A0 C0	移到毛坯正上方
G68.2 X−100 Y100 Z200 I0 J−90 K0	变换特性坐标系
G53.2	启用刀轴方向控制
G00 X−50 Y20 Z100	移到毛坯外起刀点处
Z0 M8	刀具下移到 Z0 处
G01 X210 F200	双向行切铣平面
Y60	
X−50	
Y100	

X210	
Y140	
X−50	
G01 Z10	工进提刀到 Z10 处
G00 Z100	快速提刀到 Z100 处
G69	取消并停用所选特性坐标系
G0 A0 C0	
G49	取消 RTCP 功能
G43.4 H1	启用 RTCP 功能
G00 X0 Y0 Z220 A0 C0	移到毛坯正上方
G68.2 X−100 Y50 Z200 I45 J−60 K0	变换特性坐标系
G53.2	启用刀轴方向控制
G00 X35 Y−50 Z100	移到毛坯外起刀点处
Z0 M8	刀具下移到 Z0 处
G01 Y100 F200	工进铣平面
G01 Z10 M9	工进提刀到 Z10 处
G00 Z100 M5	快速提刀到 Z100 处
G69	取消并停用所选特性坐标系
G0 A0 C0	
G49	取消 RTCP 功能
M30	

二、三孔点钻加工宏处理的非 RTCP 编程

项目三第二单元中已对该箱体零件图样中三个孔的钻中心孔和钻孔加工（点钻加工）进行了 RTCP 和非 RTCP 的编程介绍，使用 RTCP 编程处理方式简单方便，其钻中心孔加工可直接采用前述介绍的程序（鉴于 JT-GL8-V 双摆台五轴机床的 A 轴实际旋转角度方向定义的不同，其零件装夹应按图 5-2-1 所示进行调整，则程序需重编），钻通孔加工也只需找出钻深 12mm 处的孔底坐标后对程序稍加修改即可。在此拟针对各机床结构特征参数的不同，探讨使用宏变量处理 A、C 轴线间偏置数据的编程方法，使其非 RTCP 程序能灵活应用于不同机床，并期望由此加深对机床实现 RTCP 功能的理解。

如图 5-2-9 所示，设机床双摆台 A、C 轴间 Y 向偏置为 Y_f，Z 向偏置为 Z_f，Y_f、Z_f 矢量均由 A 轴线指向 C（即 Y_f 矢量为从 A 轴线沿 $-Y$ 指向转台中心 C，Z_f 矢量由 A 轴线沿 $+Z$ 指向转台 C 的上表面）。工件安装后其工件零点 O 相对于 C 转台中心的各向

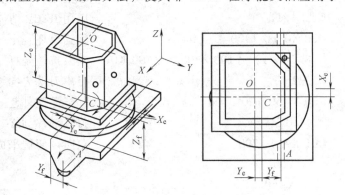

图 5-2-9　箱体零件及其五轴加工的装夹

偏置坐标为 (X_e, Y_e, Z_e)，以 O 点相对于 C 转台中心在机床坐标系的 $-X$、$-Y$、$+Z$ 方向时 X_e、Y_e、Z_e 为正值（当机床实际偏置与此相反时则应取负值）。参照项目三第二单元中各孔加工时由 A、C 轴摆转导致孔位节点坐标变化的几何算法，将轴间偏置以变量表示，可计算如下：

1）加工前侧表面上的孔时，AC 摆台需摆转至 $A=90°$，$C=0°$，则其孔口节点的 X、Y、Z 坐标可按图 5-2-10 所示几何关系计算得出。

$$X=0$$
$$Y=100-Z_f-Z_e+Y_f+Y_e$$
$$Z=(100-Y_f-Y_e)-Z_f-Z_e$$

2）加工右前侧斜表面上的孔时，AC 摆台需摆转至 $A=90°$，$C=-60°$，则其孔口节点相对于 A、C 零度时原始工件零点 W 的 X、Y、Z 坐标可按图 5-2-11 所示几何关系计算得出。（图中 C 为转台中心，W 为 C 零度时工件底面中心，O 为 C 转 60°后工件底面中心。）

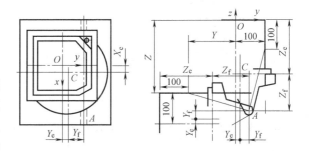

图 5-2-10 前侧表面孔位节点计算几何关系图

参照前述项目三第二单元的计算，图 5-2-11b 中 $X2=-24.103$，$OD=110.622$；由图 5-2-11c 几何关系可得

$$OC=WC=\sqrt{Y_e^2+X_e^2}, \quad \beta=\arctan(X_e/Y_e), \quad \alpha=60°-\beta, \quad OB=OC\sin\alpha, \quad BC=OC\cos\alpha$$

则 C 轴旋转前后工件零点 W 与 O 的 X、Y 变化为：$X1=X_e+OB$，$Y1=BC-Y_e$。

结合图 5-2-11a，可得到 $A=0°$ 时孔口节点相对于 W 点的 X、Y 坐标为

$$X=X1-X2$$
$$Y2=OD-Y1=110.622-Y1$$

如图 5-2-11d 所示，当摆台 A 摆转 90°后，孔口节点相对于 W 点的 Y、Z 坐标为

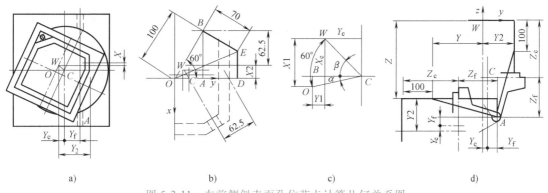

a)   b)   c)   d)

图 5-2-11 右前侧斜表面孔位节点计算几何关系图

$$Y=100-Z_f-Z_e+Y_f+Y_e$$
$$Z=(Y2-Y_f-Y_e)-Z_f-Z_e$$

3）加工左前侧顶部斜表面上的孔时，AC 摆台需摆转至 $A=60°$，$C=45°$，则其孔口节点相对于 A、C 零度时原始工件零点 W 的 X、Y、Z 坐标可按图 5-2-12 所示几何关系计算。

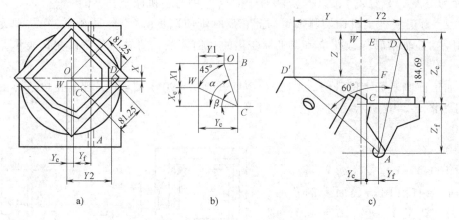

图 5-2-12　左前侧顶部斜表面孔位节点计算几何关系图

由图 5-2-12a、b 可知，当工件随转台 C 轴转过 45°时，可得

$$OD = \sqrt{81.25^2 + 81.25^2}\ \text{mm} = 114.905\text{mm}$$

$$OC = WC = \sqrt{Y_e^2 + X_e^2}$$

$$\beta = \arctan\ (X_e / Y_e)$$

$$\alpha = 45° + \beta$$

$$BC = OC\sin\alpha$$

$$OB = OC\cos\alpha$$

则 C 轴旋转前后工件零点 W 与 O 的 X、Y 变化为：$X1 = X_e - BC$，$Y1 = Y_e - OB$。

由此可得，A 轴摆转前孔口节点相对于 W 点的 X、Y 坐标为

$$X = X1$$

$$Y2 = OD + Y1 = 114.905 + Y1$$

如图 5-2-12c 所示，当摆台 A 摆转 60°后，孔口节点相对于 W 点的 Y、Z 坐标可如下计算：

$$DE = Y_2 - Y_e - Y_f$$

$$AE = Z_f + 184.69$$

$$\angle DAE = \arctan(DE / AE)$$

$$\angle D'AE = 60° - \angle DAE$$

$$AD' = AD = \sqrt{DE^2 + AE^2}$$

$$D'F = AD\sin\angle D'AE$$

$$AF = AD\cos\angle D'AE$$

则
$$Y = Y_f + Y_e - D'F$$

$$Z = AF - Z_f - Z_e$$

根据以上各孔位的计算，若以#0 控制钻孔深度（钻中心孔深 2mm，钻孔深 12mm），可编制对上述三孔钻中心孔和钻孔加工的非 RTCP 程序如下：

```
%0002
#20 = 5                                    A、C 轴间 Y 向偏置 Yf 标定数据，假设为 5mm
```

#21 = 10	A、C 轴间 Z 向偏置 Z_f 标定数据，假设为 10mm
#22 = 15	工件零点相对 C 轴的 X 偏装距离 X_e，假设为 15mm
#23 = 20	工件零点相对 C 轴的 Y 偏装距离 Y_e，假设为 20mm
#24 = 200	工件零点(上表面)相对 C 台面的 Z 偏置距离 Z_e
#0 = 2	钻孔深度，钻中心孔为 2mm，钻孔为 12mm
#1 = 0	前侧表面孔位 X 坐标
#2 = 100−#21−#24+#20+#23	前侧表面孔位 Y 坐标
#3 = 100−#20−#23−#21−#24	前侧表面孔位 Z 坐标
#10 = SQRT[#22*#22+#23*#23]	图 5-2-11c 中 OC
#11 = 60−ATAN[#22/#23]	图 5-2-11c 中 α
#12 = #10*SIN[#11*PI/180]	图 5-2-11c 中 OB
#13 = #10*COS[#11*PI/180]	图 5-2-11c 中 BC
#14 = #12+#22	图 5-2-11c 中 X1
#15 = 110.622−[#13−#23]	图 5-2-11d 中 Y2
#4 = #14−24.103	右前侧斜表面孔位 X 坐标
#5 = #2	右前侧斜表面孔位 Y 坐标
#6 = #15−#20−#23−#21−#24	右前侧斜表面孔位 Z 坐标
#16 = 45+ATAN[#22/#23]	图 5-2-12b 中 α
#17 = #10*SIN[#16*PI/180]	图 5-2-12b 中 BC
#18 = #10*COS[#16*PI/180]	图 5-2-12b 中 OB
#25 = #22−#17	图 5-2-12b 中 X1
#26 = #23−#18	图 5-2-12b 中 Y1
#27 = 114.905+#26−#23−#20	图 5-2-12c 中 DE
#28 = #21+184.69	图 5-2-12c 中 AE
#29 = 60−ATAN[#27/#28]	图 5-2-12c 中 ∠D'AE
#30 = SQRT[#27*#27+#28*#28]	图 5-2-12c 中 AD
#31 = #30*SIN[#29*PI/180]	图 5-2-12c 中 D'F
#32 = #30*COS[#29*PI/180]	图 5-2-12c 中 AF
#7 = #25	左前侧顶部斜表面孔位 X 坐标
#8 = #20+#23−#31	左前侧顶部斜表面孔位 Y 坐标
#9 = #32−#21−#24	左前侧顶部斜表面孔位 Z 坐标
T2 M6	钻中心孔时选用 T2，钻孔时选用 T3
G90 G55 G00 X#1 Y#2 A90.0 C0 S2000 M3	按前侧面孔中心进行定位
G43Z[#3+50] H2 M8	走到前侧孔上方 50mm 处
G98 G81 X#1 Y#2Z[#3−#0] R[#3+10] F150	加工前侧面的孔
G0 C−60.0	转右前侧斜表面正对主轴
G81 X#4 Y#5 Z[#6−#0] R[#6+10]	加工右前侧斜表面的孔
G0 Z[#9+50]	提刀至安全高度
C45.0 A60	转左前侧顶部斜表面正对主轴

G98 G81 X#7 Y#8 Z[#9-#0] R[#9+10]加工左前侧顶部斜表面的孔
G80   退出钻镗循环
G28 Z0 M9   Z 轴回零
M30

三、前侧表面直壁矩形槽加工的固定铣削循环编程

对前侧表面直壁矩形槽的加工，可先用 G68.2 转换至前述倾斜面特性坐标系，再在该坐标系中使用 G184 矩形凹槽循环指令功能进行编程。HNC-848 数控系统的 G184 指令功能可用于图 5-2-13 所示带圆弧拐角的矩形凹槽粗加工和精加工，其指令格式如下，各参数含义见表 5-2-1。

（G98/G99）G184 R ___ Z ___ K ___ W ___ X ___ Y ___ I ___ A ___ F ___ Q ___ E ___ O ___ H ___ U ___ P ___ C ___ D ___ V ___

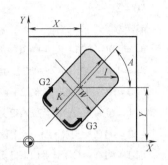

图 5-2-13 带圆弧拐角的
矩形凹槽的加工

表 5-2-1　固定循环 G184 指令参数的含义

参数	含义
R	绝对编程时是参考点 R 的坐标值；增量编程时是参考点 R 相对于初始点 B 的增量值
Z	绝对编程时是槽底坐标值；增量编程时是槽底相对于参考点 R 的增量值
K	槽长
W	槽宽
X	槽中心位置，绝对编程时是当前平面第一轴的坐标；相对编程时是相对于起点的增量值
Y	槽中心位置，绝对编程时是当前平面第二轴的坐标；相对编程时是相对于起点的增量值
I	矩形槽拐角圆弧半径（可省略或指定为 0mm，$I = W/2$）
A	矩形槽长边与平面内第一轴正方向的夹角（可省略，$A = 0°$）
F	粗加工时的铣削速度
Q	粗加工时每次进给深度（可省略，$Q =$ 槽深度-槽底精加工余量）
E	槽边缘的精加工余量（可省略，$E = 0mm$）
O	槽底部的精加工余量（可省略，$O = 0mm$）
H	精加工时的进给深度（可省略，槽底和槽壁一次完成精加工）
U	精加工的进给速度（可省略，U 取 F）
P	精加工的主轴转速（可省略，$P =$ 进入循环前主轴转速或默认转速）
C	加工槽的铣削方向（可省略，$C = 3$） 0:同向铣削；1:逆向铣削；2:G02 方向铣削；3:G03 方向铣削
D	加工类型（可省略，$D = 1$） 1:粗加工　2:精加工
V	铣削刀具半径

该矩形凹槽长度为80mm，宽度为60mm，拐角半径为3mm，深度为3mm，凹槽与X轴成0°角，凹槽边缘精加工余量为0.25mm，凹槽中心点为X70 Y90，刀具半径为3mm，仅进行粗加工，如图5-2-14所示，可编制程序如下：

```
%0004
T4 M6                          选用 φ5～φ6mm 铣刀
G54 G90 M03 S3200
G43.4 H4                        启用 RTCP 功能
G00 X0 Y0 Z220 A0 C0            移到毛坯正上方
G68.2 X-100 Y100 Z200 I0 J-90 K0
                               变换特性坐标系
G53.2                          启用刀轴方向控制
G00 X100 Y100 Z20              移到凹槽中心初始点处
G98 G184 R5 Z-3 K80 W60 X100 Y100 I3 F120
E0.25 V3
G00 Z50 M5                     快速提刀到 Z50 处
G69                            取消并停用所选特性坐标系
G0 A0 C0
G49                            取消 RTCP 功能
M30
```

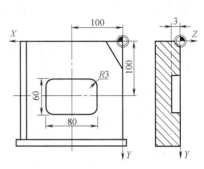

图 5-2-14　前侧直壁矩形槽的加工

四、矩形槽锥壁加工的五轴联动编程

当完成前侧表面矩形槽直壁的加工后，可继续使用 φ5mm 铣刀在倾斜面特性坐标系 Q2 中以倾斜10°的姿态角，沿矩形凹槽周边实施锥壁铣削。如图5-2-15所示，以相对于槽底轮廓引入刀具半径补偿编程，旋转轴采用刀轴矢量 I、J、K 控制，编程如下：

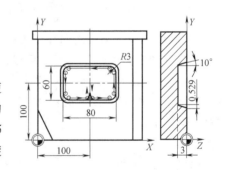

图 5-2-15　前侧矩形槽锥壁的加工

```
%0005
T4 M6                          选用 φ5mm 铣刀
G54 G90 M03 S3200
G43.5 H4                        使用旋转刀轴矢量编程方式,并启用 RTCP 功能
G00 X0 Y0 Z220 A0 C0            移到毛坯正上方
G68.2 X-100 Y100 Z200 I0 J-90 K0  变换特性坐标系
G53.2
G00 X100 Y100 Z20              移到凹槽中心初始点处
X100 Y80 Z-2                   趋近下轮廓边中点
G01 G41 D4 X100 Y70 Z-3 I0 J-0.529 K3 F200
                               切入轮廓的同时改变刀轴方向
X137                           走到右下圆弧转角起点处
G03 X140 Y73 R3 I0.529 J0 K3    铣切右下圆弧转角
```

G01 Y127	走到右上圆弧转角起点处
G03 X137 Y130 R3 I0 J0.529 K3	铣切右上圆弧转角
G01 X63	走到左上圆弧转角起点处
G03 X60 Y127 R3 I−0.529 J0 K3	铣切左上圆弧转角
G01 Y73	走到左下圆弧转角起点处
G03 X63 Y70 R3 I0 J−0.529 K3	铣切左下圆弧转角
G01 X100	走到下轮廓边中点
G40 Y80 Z−2 I0 J0 K1	切出轮廓的同时恢复刀轴方向
G00 Y100 Z20 M5	回到凹槽中心初始点处
G69	取消并停用所选的特性坐标系
G0 A0 C0	
G49	取消 RTCP 功能
M30	

单元三 箱体零件五轴加工的 CAM 刀路设计

本节以 MasterCAM-X6 软件的应用为例介绍箱体零件五轴加工的 CAM 刀路设计。

一、孔口表面铣削的五轴定向加工

在 CAM 中进行五轴定向加工刀路设计时，需要先进行刀轴平面的设置。

设置五轴定向刀轴平面时，可根据已建模型的图素特征，点选屏幕下方的 "绘图面/刀具面" 后，在图 5-3-1 所示的弹出菜单项中选择能方便确立刀轴面的方法，如 "按图形定面" "按实体面定面" "法向定面" 等。

如图 5-3-2a 所示，按图形定面时，应先选择用以指定作为 X 轴的参考线，接着选择用以指定作为 Y 轴的参考线，然后切换几种可能的视角面，观察屏幕中显示出的 X、Y、Z 三轴指向，当其中出现 Z 轴法向朝外且 X、Y 方向符合期望的结果时单击 按钮确认选择；如图 5-3-2b 所示，在已构建实体模型的基础上，可选择 "按实体面定面" 方法，直接点选需加工的表面，然后切换几种

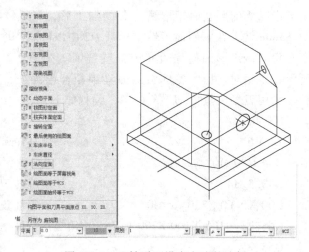

图 5-3-1 刀轴平面设定方法的选择

可能的视角面，并观察对应显示的 X、Y、Z 三轴指向，选择期望的结果；若已构建出垂直于加工面的法线（如该表面上某孔的轴线），可选择 "法向定面" 的方法，以 "由内向外" 的指向选择该法线，然后切换几种可能的视角面，观察所显示出的 X、Y、Z 三轴指向，选择期望的结果。

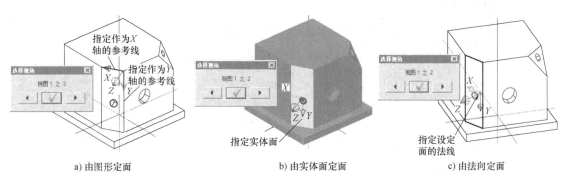

a) 由图形定面　　　　　　　　b) 由实体面定面　　　　　　　c) 由法向定面

图 5-3-2　刀轴平面设定的几种方法

勾选确认所期望的视角方位后，在弹出的图 5-3-3 所示对话框中显示当前设定的视角平面编号和系统自动获得的刀具面坐标原点数据，可通过单击 按钮后在图形中重新选择所需设定的原点位置，最后单击"✓"按钮即完成刀轴平面的设置。在此若拟用倾斜面特性坐标 G68.1/G68.2 输出，各面原点应按图 5-2-2 设置；若拟采用非 RTCP 的程序输出，应将原点设置在 WCS 的原点，如果无法在此选择 WCS 原点，可单击右下角的 WCS 打开视角管理器，按图 5-3-4 所示将该新建视角平面的原点修改为（0，0，0）。

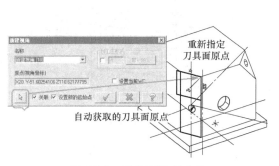

图 5-3-3　刀轴面原点设定

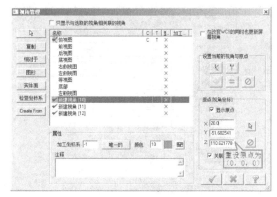

图 5-3-4　在视角管理器中重设刀轴面原点

右前侧斜表面铣削加工的刀路设计应在对应的刀轴平面（如新建视角 10）上进行。由于面铣刀路方法对边界超越的处置不太方便，要想达到前述手工编程中那样简洁的面铣刀路控制效果，宜选用外形铣削刀路设计方法。按所用 φ80mm 的面铣刀具进给控制要求，绘制出刀具中心应走的三条轨迹线（包括进退刀所需的延伸长度），以串连方式首尾相接选择这三条线，如图 5-3-5 所示。在切削参数设置中，关闭刀径补偿，以使刀具中心行走在线上，加工深度设置为增量"0"即可。

正前侧表面的铣削加工可在其新建的刀轴平面（如新建视角 11）上使用平面铣削的刀路定义方法。如图 5-3-6 所示，串连该平面上周边封闭轮廓外形后，在面铣切削参数中选择双向进给方式，设置截断方向超出量为"0"，以避免铣削到底部台阶；设置引导方向允许超出量为超过一个刀具半径的值，以保证两侧边的完全切削；设置足够的进退刀引线长度，确保能在工件外部无料区实现快速下刀；设置双向来回进给的行切间距为刀具直径的 50%～

80%，以保证行间无残料。

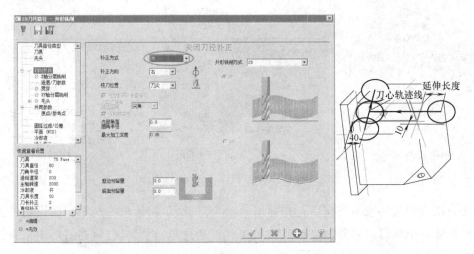

图 5-3-5　右前侧斜表面铣削加工的刀路设计

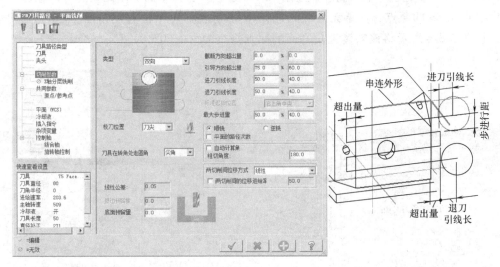

图 5-3-6　基于面铣的正前侧表面刀路设计

右前侧顶部斜表面铣削加工的刀路设计在对应的刀轴平面（如新建视角 12）上进行。由于其加工面较小，采用外形铣削刀路设计方法可一刀加工完成，因此，以单体方式选择三角形中线为加工外形，用 ϕ80mm 的面铣刀并关闭刀径补偿，然后在图 5-3-7 所示进退刀参数中设置起始段延伸长度"50.0"和终止段延伸长度"30.0"即可。

二、五轴钻孔的刀路设计

五轴钻孔虽然也是定向加工，但在 CAM 中通过"点/线"确定孔位的方法，可利用选取孔位轴线的端点而自动确定刀轴方向，因此并不需要另行预设刀轴平面。

进行五轴钻孔刀路设计时，可先按孔位对各孔绘制出一段孔位轴线，各轴线长短视其加工深度而定，以方便采用统一的增量值设定其孔口节点、R 面节点、孔底深度等数据

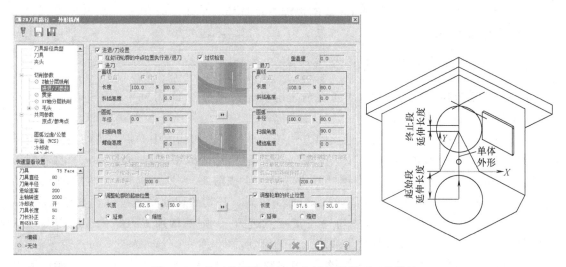

图 5-3-7　基于外形铣削的右前侧顶部斜面刀路设计

为宜，在此均绘制定长为 20mm 的线。选择"多轴加工"菜单项后，在弹出的对话框选项卡中选择"钻孔五轴"刀路定义方法，选好钻孔刀具后，在图 5-3-8 所示对话框的"切削方式"图形类型中选择"点/线"的孔位定义方式，然后单击右侧箭头，在构建的图形中选各孔位轴线的内侧端点，以便于在刀轴控制时由系统自动根据直线确定各孔加工的刀轴平面及进刀方向（选内侧端点时由外向内进刀，选外侧端点时由内向外进刀）。在深度控制的共同参数中，增量零位即为该端点，孔口工作表面相对于该端点为增量 20mm，从孔口起点钻 2mm 深时其钻深数据则为增量 18mm，钻 12mm 深时为增量 8mm，而初始安全高度、快进速率和工进速率切换的 R 提刀面的增量数据则是相对于孔口工作表面来计量的。

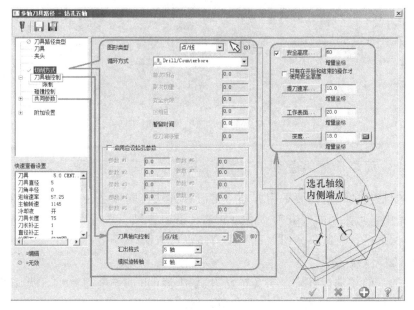

图 5-3-8　五轴钻孔刀路参数的设置

五轴钻孔刀路设计是在原始 WCS 的俯视面下进行的，工件坐标零点为 WCS 原点，与倾斜面特性坐标系无关。

三、前侧表面直壁矩形槽的定向铣削

正前侧表面上矩形槽的铣削加工可在前述定义的新建视角 11 刀轴平面下进行，可选择标准挖槽的 2D 刀路定义方法。

矩形槽铣削刀路定义时，需以选点的方式先选择该面上的孔位中心点，再切换到串连方式串选矩形轮廓为挖槽边界。在"2D 挖槽"刀路定义对话框中选好 $\phi5 \sim \phi6mm$ 的铣削刀具，在"切削参数"中选择"标准挖槽"方式后，再按图 5-3-9 所示进行粗、精加工参数的设置：选择由内向外的"平行环切"挖槽粗加工方式，环切的切削间距按刀具直径的60% ~ 80%设置；在精加工进/退刀参数中勾选"指定点进刀"，则挖槽加工刀路生成时将自动从前述已钻孔中心处下刀，可避免采用螺旋下刀的麻烦。

共同参数中铣削深度控制数据的设置：若拟用 G68.1 特性坐标系实施加工控制，可设工作表面为绝对"0"值，挖槽槽底深度为绝对"-3"；若拟用以 WCS 原点为工件零点的非 RTCP 程序输出，且串选的槽形边界在正前侧表面上，则应设工作表面为增量"0"值，挖槽槽底深度为增量"-3"。

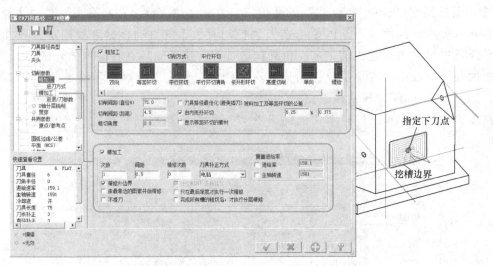

图 5-3-9　前侧表面直壁矩形槽铣削刀路参数的设置

四、前侧表面矩形槽锥壁面的五轴加工

前侧表面矩形槽的锥壁需要采用五轴刀路设计方法，同样可在新建视角 11 刀轴平面下进行。在 CAM 中，可采用曲线五轴、沿边五轴、沿面五轴、平行到曲线、平行到曲面等多种五轴刀路方法之一，在此仅介绍以下三种刀路设计方法。

1. 曲线五轴刀路方法

选择多轴加工的"曲线五轴"刀路方法并选用 $\phi5mm$ 的铣削刀具后（见图 5-3-10），在"切削方式"中选择"3D 曲线"的曲线类型，然后在图形中串选槽底矩形边界，同时根据串连方向选择合适的刀具补正方向；在"刀具轴控制"中选择以槽底平面为刀轴控制方式，

同时设定侧边倾斜角度为"-10.0"，即四周锥壁相对于槽底平面法线的倾斜角度；由于串选的曲线边界就是槽底边界，所以在"碰撞控制"中刀尖控制相对于所选曲线的向量长度设为"0"即可。

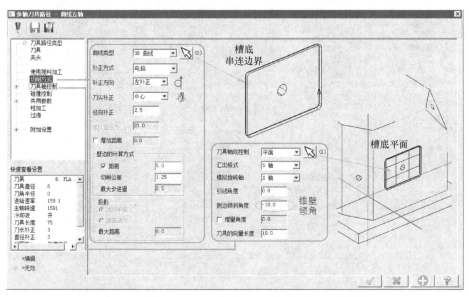

图5-3-10　前侧面矩形槽锥壁加工的曲线五轴刀路参数设置

2. 沿边五轴刀路方法

若选择多轴加工的"沿边五轴"刀路方法，在选用 ϕ5mm 的铣削刀具后，如图5-3-11所示，在"切削方式"的壁边选择时可选用"曲面"方式，在图形中选择矩形四周所有侧壁曲面后再按提示选择起始切入的第一个曲面，并继续选择"第一个较低的轨迹边界"，即第一个曲面底部边缘，接着单击"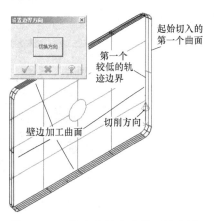"确认进给方向即可；也可按图5-3-12所示，在壁边选择时采用"串连"方式，此时应按提示先后在图形中串选槽底边界（第一壁边）、顶部边界（第二壁边），同时根据串连方向选择合适的刀具补正方向。在"刀轴控制"中勾选"扇形切削方式"，以避免沿进给方向同时产生刀轴倾斜，确保进给倾斜在侧边方向，其侧边的刀轴倾角由两个壁边边界自动计算得出；在"碰撞控制"中刀尖控制选择"底部轨迹"控制方式即可。

图5-3-11　沿边五轴壁边曲面的选择

3. 平等到曲面的五轴刀路方法

选择多轴加工的"平等到曲面"五轴刀路方法并选用 ϕ5mm 的铣削刀具后，如图5-3-13所示，在"切削方式"的编辑曲面中单击"单一边界"按钮后，选择图形中作为限制边界的矩形槽底平面，单击"加工曲面"按钮后选择图形中矩形周侧所有锥壁曲面；在"范围形式"中选"完整精确开始与结束在曲面边缘"，由于加工均在矩形槽内进行，因此不需要

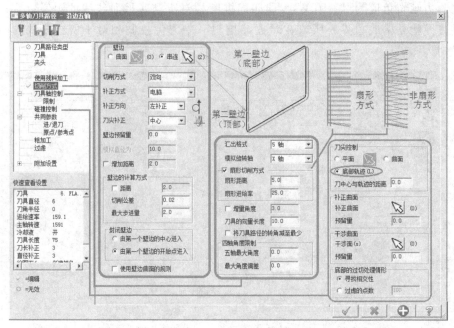

图 5-3-12　前侧表面矩形槽锥壁加工的沿边五轴刀路参数设置

勾选"修整/延伸"等项；在切削间距的"步进量"中设置"最大步进量"，当拟用侧刃对周侧曲面实施加工时，按深度分层的需要设置切削间距的步进量即可，对拟用底刃加工曲面的场合，该步进量可按切削行距的控制方式进行设置；在"切削方式"的"边界"选项卡中勾选"增加内部刀具半径"，以确保刀路在槽底边界曲面与周侧曲面内侧形成，若不勾选该项，则应按刀具半径值设置"起始边界"距离。

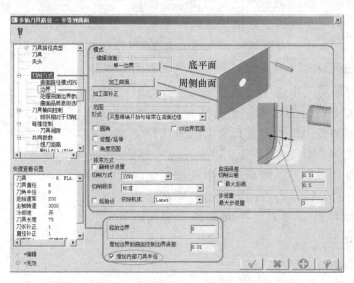

图 5-3-13　矩形槽锥壁加工的平等到曲面五轴刀路参数设置

如图 5-3-14 所示，在"刀具轴向控制"中选择沿着刀具轴以"引导曲面/延迟"的控制方式，并设置刀具在切削方向侧边呈 90°倾斜角度形式，令刀具轴向相对于侧壁曲面的法线做 90°摆转，使刀轴平行于侧壁表面实施加工，其倾斜侧边可采用"沿着曲面等角方向"的定义方式；当刀轴侧边倾角设为"0"时，其效果和选择刀轴沿着"曲面"时一样，其刀轴始终垂直于曲面，由底刃实施切削。由于存在干涉碰撞的可能，这种刀轴控制方法不适合腔体内侧曲面的加工处理。基于平底铣刀的切削，其在刀路控制点计算时应选择使用刀具中心进行，但由于存在刀轴的角度摆转，当底刃中心控制在槽底曲面上时，其侧刃将不可避免地存在过切问题。对此类刀轴沿周边呈固定倾角 α 摆转控制的加工，可参照几何关系，按 $h = R\sin\alpha/\cos\alpha$ 的算法计算出刀具应沿轴向提刀修正的位移量，并在"共同参数"选项卡的"轴向位移"中进行设置。

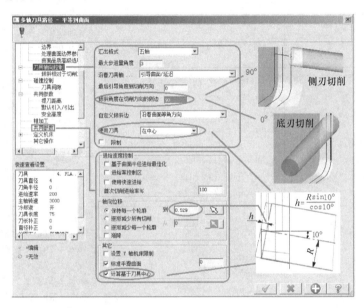

图 5-3-14 平等到曲面五轴方式的矩形槽锥壁加工刀轴控制设置

单元四 五轴 CAM 程序输出后置处理的定制

MasterCAM-X6 版的五轴后置程序输出需要由同名的五轴后置处理 PST 文档及五轴算法控制 PSB 文档共同支持，当需要定制一个新的五轴后置时，可先复制更名构建一个新的 PST 文档，然后在 Master CAM-X6 版主菜单下的机床定义管理器中打开一个近似结构的五轴机床 MMD 结构模型文档，按新机床五轴结构模式修改其结构框架定义，再从其中打开相关联的机床控制系统 CONTROL 文档的定义，将其中关联的后置 PST 文档更改为新构建的 PST 文档，然后更名另存为新的 CONTROL 文档，退出返回到机床定义管理器后再更名另存为新的 MMD 文档。新机床后置处理的定制可直接对新构建的 PST 文档进行主要参数的设置，定制完成后使用新后置时，通过机床类型主菜单的机床列表管理即可选用该新的 MMD 文档相关设置。

一、五轴后置处理的基本设置

1. 五轴后置处理文档中主要参数设置解析

MasterCAM-X6 版的五轴参数在其 PST 文档的 5 Axis Rotary Settings 区段中设置，主要包

括第一/第二旋转轴代码及正方向、摆头/摆台五轴结构模式、摆台模式的轴线间偏置距离、摆头模式的摆长、旋转轴角度极限等参数的设置。在此以 Generic Fanuc 5X Mill.pst 后置处理文档为蓝本,对 JT-GL8-V 双摆台五轴结构模式,由原始 B、C 轴 NC 代码控制输出改换为 A、C 轴输出时的设置修改状况进行解析说明,主要修改项见表 5-4-1,其余设置不变。

表 5-4-1　五轴后置主要参数的设置及含义解析

原始设置(B、C 轴输出)	修改后的设置(A、C 轴输出)	修改后含义解析
str_pri_axis "C" str_sec_axis "B" str_dum_axis "A"	str_pri_axis "C" str_sec_axis "A" str_dum_axis "B"	设置第一/第二旋转轴输出的前导字符
mtype:0	mtype:0	五轴结构模式 0:双摆台　1:摆头+摆台　2:双摆头
rotaxis1 $= vecy rotdir1 $= vecx rotaxis2 $= vecz rotdir2 $= vecx result = updgbl(rotaxis1 $, "vecy") result = updgbl(rotdir1 $, "vecx") result = updgbl(rotaxis2 $, "vecz") result = updgbl(rotdir2 $, "vecx")	rotaxis1 $= vecy rotdir1 $= -vecx rotaxis2 $= vecz rotdir2 $= -vecy result = updgbl(rotaxis1 $, "vecy") result = updgbl(rotdir1 $, "-vecx") result = updgbl(rotaxis2 $, "vecz") result = updgbl(rotdir2 $, "-vecy")	旋转轴法向平面及正向的设置。第一轴 C 以 Y 正向为零位,朝 $-X$ 方向为正;第二轴 A 以 Z 正向为零位,朝 $-Y$ 方向为正
use_tlength:0 toollength:0 shift_z_pvt:0	use_tlength:0 toollength:0 shift_z_pvt:0	使用摆头结构模式时: use_tlength:0 为使用摆长变量;1 为 MasterCAM OAL 数据;2 为计算前提示输入 toollength(摆长):摆长值 shift_z_pvt(Z 偏置):0 为按枢轴点;1 为按摆长补(枢轴点-摆长);2 为按刀尖编程
shft_misc_r:0 saxisx　　:0 saxisy　　:0 saxisz　　:0	shft_misc_r:1	摆台模式轴间偏置距离的数据导入方式 0:在 PST 文档内由对应变量设置各轴间偏移 saxisx/saxisy/saxisz 1:在杂项变量中设置各轴间偏置
top_type:4	top_type:1	刀轴平面设置 1:$A+C$　2:$B+C$　3:$C+A$　4:$C+B$
pri_limlo $:-9999 pri_limhi $:9999 sec_limlo $:-9999 sec_limhi $:9999	pri_limlo $:-360 pri_limhi $:360 sec_limlo $:-42 sec_limhi $:120	第一、第二旋转轴绝对输出时角度极限的设置

2. 杂项变量控制的五轴后置相关设置

对某一机床而言,其五轴结构模式及布局是既定不变的,但多轴加工时考虑到工件装夹对刀的便利,其工件零点的设定将会随着加工对象的不同而改变,例如双摆台五轴模式中各轴线之间的偏置值数据等。为避免频繁地修改 PST 文档,有必要将轴间偏置值等数据安排在前台来快捷修改,为此,需将上述后置处理文档中的 shft_misc_r 项设为 1,以允许通过杂项变量的设置随时修改各轴的偏置值。

在 CAM 中选定上述定制好的五轴后置处理文档后，即可在刀路设计的参数中设置用于五轴加工的杂项变量。如图 5-4-1 所示，根据双摆台的 AC 或 BC 结构布局，应分别设置其中杂项实变量［8］/［9］或［7］/［9］的值。其中，实变量［7］/［8］为 BC/AC 结构时第二回转轴与第一回转轴在 X/Y 方向轴线间的偏置距离，实变量［9］为工件 Z0 平面到第二回转轴线间的 Z 向偏置距离（图 5-4-1 中轴间偏置是按项目三第二单元中图 3-2-2 所示双摆台结构进行的设置，它将影响非 RTCP 程序输出的结果）。另外，五轴加工程序输出的结果，在很大程度上也受到杂项整变量中某些控制状态的影响。

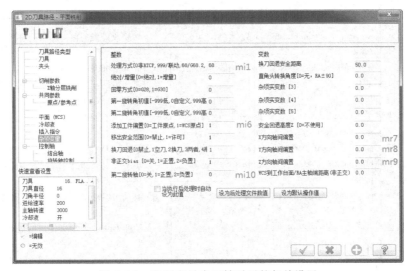

图 5-4-1 杂项变量中五轴后置的相关设置

注：软件界面中的"变数"应为"变量"。

二、其他五轴加工程序功能后置输出的定制

1. 基于倾斜面特性坐标系的五轴定向程序输出

针对 HNC-848 数控系统的五轴编程规则，若拟利用 MasterCAM-X6 实施倾斜面特性坐标系 G68.1 Qn 或 G68.2X_ Y_ Z_ I_ J_ K_ 的格式输出，则刀路设计时，平面（WCS）应设置工件坐标系为原始 WCS（俯视面），刀具平面和构图平面均为所构建的相应特性坐标平面，且杂项整变量 mi6 应设为 0（按刀具面原点计算输出）。此外，在后置 PST 文档中尚需参考如下设置进行处理。

首先应启用对工件坐标系与 WCS 不同时进行旋转变换计算输出的许可，拟使用杂项整型变量中未使用的第一项（变量 mi1）作为特性坐标系 Q 的序号（当此值设为 0 时为非特性坐标系正常输出，设为数值 68 时以 G68.2 格式输出，设为小于 68 的数值时以 G68.1Qn输出），并对该变量进行前导字符为 Q、变量类型为整型格式 4 的格式定义；然后对换刀起始程序头输出处理的函数 p_ goto_ strt_ tl、不换刀时两刀路间的程序处理函数 p_ goto_ strt_ ntl、换刀前刀路结束时提刀的程序处理函数 pretract 分别按表 5-4-2 进行格式输出算法的设置修改。

表 5-4-2　倾斜面特性坐标系程序格式输出的后置设置及含义解析

参数区段及函数项	设置修改处理的内容	设置修改处理的含义解析
#Output formatting	设置参数 top_map：1	允许对工件坐标系与 WCS 不同时进行旋转变换的计算，以获得 G68 的格式输出
# Toolchange / NC output Variable Formats	fmt "Q" 4 mi1 $	增加对变量 mi1 进行前导字符为 Q、变量类型为整型格式 4 的格式输出定义，使倾斜面特性坐标系的序号由用户在杂项整变量[1]中设定
函数 p_goto_strt_tl #换刀起始的程序头输出处理	if stagetool <= one, pbld, n $, * t $, "M6", e $ if n_tpln_mch >-1 & mi1 $<> prv_mi1 $& mi1 $, [pcan1, pbld, n $, * sgcode, pwcs, * sgabsinc, xout, yout, p_out, s_out, speed, spindle, pgear, strcantext, e $ pbld, n $, "G43. 4", * tlngno $, e $ pg68 pbld, n $, "G53. 2", e $] else, …	要做修改设置的前一输出处理行内容 当 n_tpln_mch >-1，特性坐标系序号为非 0 且前后刀路间特性坐标系编号不同时：输出定位到起始位置处的标准程序行，如： G0G54G90X_Y_A_C_S_M3 输出 G43. 4 H_的程序行 调用执行函数 pg68 强制输出 G53. 2 的程序行 其他非 G68 正常模式输出的处理
函数 p_goto_strt_ntl #不换刀时两刀路间的程序处理	else, p_goto_pos if n_tpln_mch >-1 & mi1 $<> prv_mi1 $& mi1 $, [pbld, n $, "G69", e $ pbld, n $, "G0 A0 C0", e $ pbld, n $, "G49", e $ pbld, n $, "G43. 4", * tlngno $, e $ pg68 pbld, n $, "G53. 2", e $ pbld, n $, * xout, * yout, * zout, scoolant, e $]	要做修改设置的前一输出处理行内容 当 n_tpln_mch >-1，特性坐标系序号为非 0 且前后刀路间特性坐标系编号不同时： 强制输出 G69 的程序行 强制输出 G0 A0 C0 的程序行 强制输出 G49 的程序行 调用执行函数 pg68 强制输出 G53. 2 的程序行 返回起刀点的程序行输出
函数 pretract #换刀前刀路结束时提刀的程序处理	pbld, n $, sccomp, spindle, e $ if n_tpln_mch > -1 & mi1 $, [pg69 pbld, n $, "G0 A0 C0", e $ pbld, n $, "G49", e $]	要做修改设置的前一输出处理行 当 n_tpln_mch >-1 且特性坐标号为非 0 时： 调用执行函数 pg69 以输出 G69 程序行 强制输出 G0 A0 C0 的程序行 强制输出 G49 的程序行

（续）

参数区段及函数项	设置修改处理的内容	设置修改处理的含义解析
函数 pg68 #根据杂项整变量第一项给定值选择特性坐标指令输出方式	map_mode = one ivec = p_out, jvec = s_out if mil $<$ 68, pbld, n\$, "G68.1", mil \$,e\$ else, pbld, n\$, * smap_mode, * tox_g, * toy_g, * toz_g, * ivec, * jvec, * kvec,e\$ prv_map_mode = zero	启用特性面标记 取转换角度 当杂项整变量 mil < 68，按 G68.1 输出，否则（mil = 68 时）： 按 G68.2（smap_mode）格式输出 清除前一特性面标记,并删除后续语句

2. 自定义钻铣循环程序格式输出的后置定制

针对 HNC-848 数控系统所具有的钻铣样式循环编程格式的输出，在 MasterCAM-X6 中可通过启用自定义钻孔循环实现。为此，需要对钻镗循环定义中各参数项的数据源及其标签提示，按自定义样式循环的要求重新进行调整。图 5-4-2 所示各文本框中是钻镗循环常用参数输入项及自定义参数项对应的数据源变量，选用其中自定义循环 9 进行矩形挖槽循环 G184 的参数定义，各参数输入项调整如图 5-4-2 所示。其中，各输入项的提示标签文字可通过菜单"设置"→"机床定义管理"，在其中再切入到控制器定义界面，然后对其"钻铣循环""自定义参数"中的标签文本实施修改，如图 5-4-3 所示。

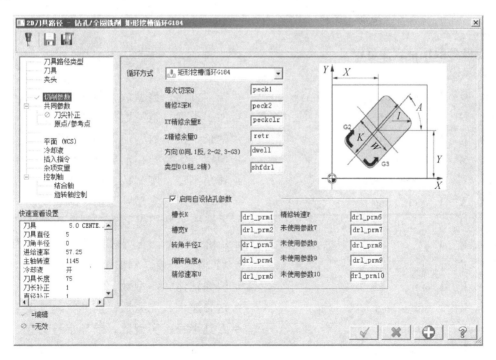

图 5-4-2　矩形挖槽循环各参数项定义及其数据源变量设置

图 5-4-3　矩形挖槽循环各参数项的标签文本设置

后置程序输出的修改定制则需要在 PST 文档中进行，在 # Drilling 钻削输出定义区段的 pmisc2_ 2$函数之后，可增加下述自定义循环数据处理及格式输出处理函数的参考内容。

```
# ---------------------------------------------------------
# 挖槽参数项格式变量定义
# ---------------------------------------------------------
fmt    C    4    pct_ dir                  # 铣削方向，整型数，前导字符为 C
fmt    D    4    pct_ type                 # 加工类型，整型数，前导字符为 D
fmt    K    1    x_ length                 # 槽长，实型数，前导字符为 K
fmt    W    1    y_ width                  # 槽宽，实型数，前导字符为 W
fmt    I    1    corner_ rad               # 转角半径，实型数，前导字符为 I
fmt    A    1    pct_ ang                  # 偏转角度，实型数，前导字符为 A
fmt    O    1    z_ stock                  # Z 精修余量，实型数，前导字符为 O
fmt    H    1    z_ step                   # Z 精修深度，实型数，前导字符为 H
fmt    E    1    f_ stock                  # XY 精修余量，实型数，前导字符为 E
fmt    P    1    fin_ seed                 # 精修转速，实型数，前导字符为 P
fmt    U    1    fin_ feed                 # 精修速率，实型数，前导字符为 U
fmt    V    1    tlrad                     # 刀具半径，实型数，前导字符为 V
fmt    R    1    refht $                   # R 面高度，实型数，前导字符为 R
fmt    Z    1    depth $                   # 槽底深度，实型数，前导字符为 Z
# ---------------------------------------------------------
```

```
pfmtvar                              # 矩形挖槽数据预处理函数
        if drillcyc $= 8,            # 如果是自定义循环 9（以 0 开始计数）
        [   x_ length = drl_ prm1 $  # 提取自定义参数 1 的数据赋给槽长
            y_ width = drl_ prm2 $   # 获取槽宽值
            corner_ rad = drl_ prm3 $ # 获取转角半径值
            pct_ ang = drl_ prm4 $   # 获取偏转角度值
            fin_ feed = drl_ prm5 $  # 获取精修速率值
            fin_ seed = drl_ prm6 $  # 获取精修转速值
            z_ step = peck2 $        # 获取精修深度值
            z_ stock = retr $        # 获取 Z 精修余量值
            f_ stock = peckclr $     # 获取 XY 精修余量值
            pct_ dir = dwell $       # 获取切削方向设置值
            pct_ type = shfdrl $     # 获取加工类型设置值
            tlrad = tldia $/2        # 计算刀具半径值
        ]
pdrlcst $        #Custom drill cycles 8 – 19 自定义循环 9~20 的程序输出处理函数
        if drillcyc $= 8,           # 如果是自定义循环 9
        [   pfmtvar                 # 调用函数 pfmtvar 进行数据预处理
            pdrlcommonb             # 调用函数 pdrlcommonb 进行循环前的处理
            pbld, n $, " G184", * refht $, * depth $, * x_ length, * y_ width, * xout,
* yout, * corner_ rad, pct_ ang,
                * feed, peck1 $, f_ stock, z_ stock, z_ step, fin_ feed, fin_ seed, pct_
dir, pct_ type, * tlrad, e $
        ]                                   # 矩形挖槽循环程序的格式输出
        else,
        [   pdrlcommonb             # 非自定义循环 9 的处理
            " CUSTOMIZABLE DRILL CYCLE ", prdrlout, e $
        ]
        pcom_ movea                 # 循环输出后的数据处理
```

矩形挖槽循环可使用钻孔加工的刀路定义方法，选择矩形中心点为刀路定位点，各 Z 向特征位置（初始面、R 面、底面）和钻孔加工一样设置，各参数输入项中若 A、Q、E、O、U、P、D、H 参数设为 0，则程序输出时对应参数项将省略。

单元五　箱体零件五轴加工的仿真及程序调试

由于本项目编程训练的零件模型与项目四第四单元中五轴加工仿真案例相同，因此，可在 VERICUT 中载入之前所保存的工作项目，在其基础上再按本项目训练要求进行 JT-GL8-V 五轴机床仿真环境的调整，然后实施程序调试及仿真检查。

一、倾斜面加工的程序调试与仿真检查

1. VERICUT 下倾斜面坐标系编程的处置

HNC-848 数控系统的倾斜面定向加工可通过 G68.1 Qn 指令调用预设序号特性坐标系或使用 G68.2 并指定特性坐标旋转变换关系，然后辅以 G53.2 指令让刀轴垂直于倾斜面，再以该特性坐标系原点为编程零点实施 2D/3D 程序进给。HNC-848 数控系统使用 G68.1 指令方式的目的是方便用户简化编程，并不需要用户关注以何种关系进行 WCS 到 TCS 的旋转变换，然而在 VERICUT 中较难以通过预设 Q 序号的方法实现倾斜面特性坐标系程序的仿真，因此，本节仅介绍用 G68.2 Xxq Yyq Zzq IαJβKγ 的处置方式实施倾斜面特性坐标系加工编程的仿真验证。

如前所述，以图 5-5-1 所示右前侧斜表面做特性坐标系旋转变换为例，转换时先将原点平移至 P1 (70，100，200)，然后将坐标系绕 Z 轴顺时针旋转 -60° 做进动变换得到 X1/Y1/Z1 的坐标方位，再将坐标系绕 X1 轴顺时针旋转 -90° 做盘转变换得到 X2/Y2/Z2 坐标方位。由于经这两次变换已达到所期望的变换结果，因此最后坐标系绕 Z2 轴的旋转角度设为 0° 即可，即特性坐标系变换可用 G68.2 X70 Y100 Z200 I-60 J-90 K0 指令控制。

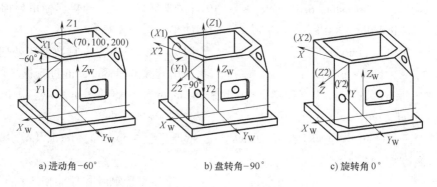

a) 进动角 -60°　　　　b) 盘转角 -90°　　　　c) 旋转角 0°

图 5-5-1　右前侧斜表面做特性坐标系旋转变换

2. 控制系统环境的设置调整

通过查看 VERICUT 的 FANUC 五轴系统环境设置可知，其用于 RTCP 五轴的指令功能与 HNC-848M 系统存在一定的区别，主要有：其 G43.4 不支持双摆台 RPCP，支持的是 G43.5；刀轴方向控制为 G53.1 而非 G53.2；G68.2 与 HNC-848M 的 G68.2 功能相同。为实现倾斜面加工的仿真，尚需按编程规则对控制系统环境进行一定的设置调整。在 G 代码处理设置中，其 G43.4 中应参照 FANUC 的 G43.5，添加 RPCP 支持及旋转面控制支持的功能，或将 G43.4 与 G43.5 进行功能互换；将 G53.1 修改为 G53.2；保留对 G68.2 的支持，且确认其中对 X、Y、Z、I、J、K 变量用于 G68.2 的注册许可。调整后的格局如图 5-5-2 所示。

3. 面铣刀具的构建定义

该工步所用 T1 面铣刀具的刀头组件可使用样例库中 vericutm_ holder1_ t1.ply 的 φ80mm 盘刀模型文档，再按其装刀要求添加 10 个刀片组件，刀杆部分则可通过内置模块绘制截面线后旋转扫描得到。其刀具结构定义如图 5-5-3 所示。

图 5-5-2　VERICUT 的 RTCP 倾斜面仿真系统环境调整后的格局

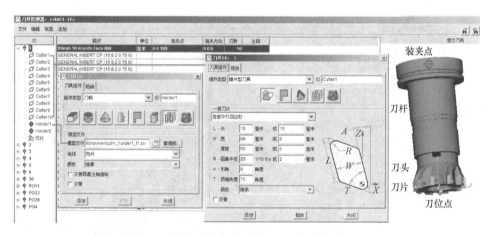

图 5-5-3　面铣刀具 T1 的结构定义

4. 加工程序调试与仿真检查

面铣加工程序可用项目五第二单元中手工编制的程序，或按项目五第四单元定制的 CAM 后置输出得到含 G68.2 指令控制的程序。由于程序启用了 RTCP 功能，因此，无论机床 A、C 轴线间如何偏置，无论工件在机床 C 轴转台上如何偏装，在 VERICUT 中均应以工件下表面中心为 G54 工作偏置的对刀原点。图 5-5-4 所示为使用 G68.2 功能实施面铣加工的仿真结果。

二、三孔点钻加工的程序调试与仿真检查

1. 仿真环境的调整设置

对于工步 2、3 的三孔点钻加工，若采用项目三第二单元所述手工编程或采用本项目第三单元所述 CAM 编程得到的程序实施仿真，无论 RTCP 还是非 RTCP 程序，都可参照项目四第四单元应用案例的介绍进行仿真调试。若拟采用项目五第二单元所述宏处理的非 RTCP 程序实施仿真调试，则应在 VERICUT 中对 AC 转台两轴间距及工件装夹位置按前述编程的

$Y_f = 5\,\text{mm}$、$Z_f = 10\,\text{mm}$、$X_e = 15\,\text{mm}$、$Y_e = 20\,\text{mm}$、$Z_e = 200\,\text{mm}$ 及其偏置方位进行调整，调整设置如图 5-5-5 所示。此时，应以工件上表面中心为 G55 工作偏置的对刀原点进行设置，工步 2、3 所用刀具可按刀号采用标准钻铣刀具定义方法进行设定。

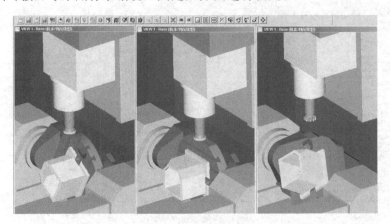

图 5-5-4　使用 G68.2 功能实施面铣加工的仿真结果

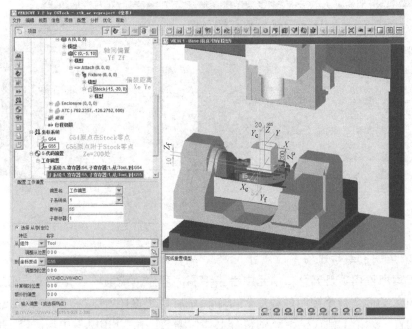

图 5-5-5　机械偏置关系的仿真环境调整

2. 点钻加工的程序调试与仿真检查

VERICUT 支持标准宏程序的运行，但其中三角函数表达式所对应的角度是以度为单位的，而 HNC-848 数控系统支持的三角函数则以弧度为单位。另外，根据程序调试所反映出的警示信息可知，虽然样例程序中有关偏置都已经赋值，不会出现分母为零或 SQRT 的参数为负值等溢出问题，但调试时各偏置数据如偏装距离 Y_e（#23）也可能会出现零值的情形，此时就会出现分母为零的溢出，为此，需对拟在 VERICUT 中调试的程序进行调整。

1）将三角函数的参变量以度为单位调整算法，则

#11＝60-ATAN［#22/#23］

#12＝#10＊SIN［#11＊PI/180］ 应改为：#12＝#10＊SIN［#11］

#13＝#10＊COS［#11＊PI/180］ 应改为：#13＝#10＊COS［#11］

由于#11的计算结果是以度为单位的角度，因此可直接在后续正弦和余弦计算中使用。程序中所有类似问题都应进行修正处理。

2）避免算法溢出的问题处理。为避免以下反正切角度计算的程序行中出现分母为零的溢出，应对此进行如下的错误预处理修正。

#11＝60-ATAN［#22/#23］ 应改为：IF［#23 EQ 0］#11＝60 ELSE #11＝60-ATAN［#22/#23］ENDIF

#16＝45+ATAN［#22/#23］ 应改为：IF［#23 EQ 0］#16＝45 ELSE #16＝45+ATAN［#22/#23］ENDIF

#29＝60-ATAN［#27/#28］ 应改为：IF［#28 EQ 0］#29＝60 ELSE #29＝60-ATAN［#27/#28］ENDIF

图5-5-6所示为使用宏程序在有机械偏置关系情形下以非RTCP方式实现三孔点钻加工的仿真结果。仿真调试时，其机械偏置关系应与程序中的设置相同，否则不会获得所期望的结果。

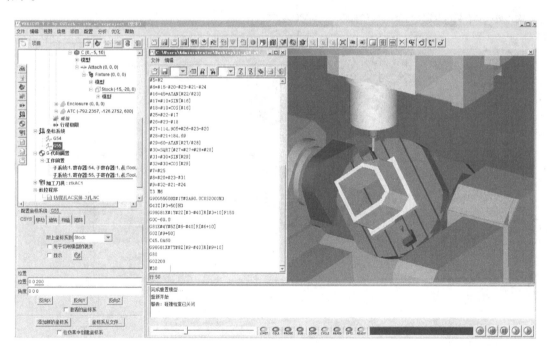

图5-5-6 使用宏程序在有机械偏置关系的情形下实现非RTCP点钻加工的仿真结果

三、矩形槽铣削加工的程序调试与仿真检查

1. 仿真环境的调整设置

工步4的前侧矩形槽采用倾斜面特性坐标系G68.2指向的定向面做加工控制，依然采

用与面铣相同的指令功能及 RTCP 功能的系统设置，以工件下表面中心为 G54 工作偏置的对刀原点。由于在 VERICUT 中进行矩形挖槽样式循环指令功能的设置比较繁杂，在此不再展开探讨，只以 CAM 标准挖槽刀路输出的程序实施仿真检查。工步 4、5 所用刀具均可按刀号采用标准钻铣刀具定义方法进行设定。

虽然在做前述三孔加工时已按图 5-5-5 所示进行了机械偏置关系的调整，但由于三孔加工时并没有执行启用 RTCP 功能的程序，而矩形槽加工所用程序启用了 RTCP 功能，所以在进行对刀偏置的设定时，尚需进行图 5-5-7 所示 RPCP 旋转点偏置的设置，以明确偏置后工件零点到原 A、C 中心点之间（-15，-25，10）的偏置关系。

由于在 VERICUT 中实施项目五第二单元中手工编制的矩形槽锥壁面五轴加工程序仿真时，对 G68.2 特性坐标系旋转变换的支持有一定的技术难度，因此工步 5 在此拟用 CAM 曲线五轴刀路输出的 RTCP 或非 RTCP 程序实施仿真检查。对于使用 I、J、K 刀轴矢量控制加工锥壁的程序，可另行设计一个板件以在平行于工作台的水平面内实施加工仿真调试，此时，直接将之前直壁和锥壁矩形槽加工手工编程中的 G68.2 程序行删去即可。同时，在 VERICUT 中应对 I、J、K 变量添加将其用于为 G01/G02/G03 的注册许可，如图 5-5-8 所示。为避免冲突，建议删除 I、J、K 变量中作为 G2/G3 圆心与起点相对关系的注册许可，即只允许在所有程序中统一采用半径 R 编程方式实现圆弧插补。

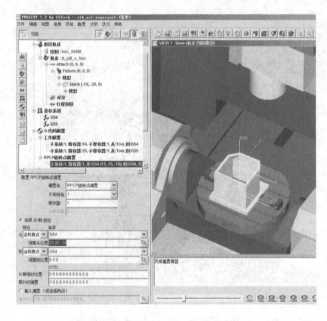

图 5-5-7 RPCP 旋转点偏置的设置

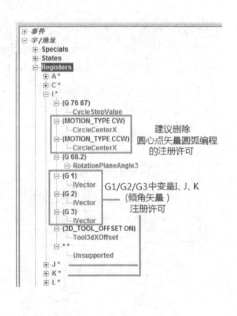

图 5-5-8 倾角矢量的注册许可

2. 矩形槽加工的程序调试与仿真检查

矩形槽直壁部分铣削加工可由 CAM 的 2D 挖槽刀路直接生成含 G68.2 特性面控制的程序，锥壁铣削加工可用 CAM 曲线五轴刀路输出的 RTCP 或非 RTCP 程序，也可采用由平行到曲面、沿边五轴等刀路方式输出的程序。矩形槽锥壁五轴加工仿真用 CAM 程序见表 5-5-1。

表 5-5-1　矩形槽锥壁五轴加工仿真用 CAM 程序

非 RTCP 程序（无偏置）	RTCP 程序
%0005	%0006
T6 M6	T6 M6
G0 G54 G90 X0 Y-98.881 C0 A80 S3200 M3	G0 G54 G90 X0 Y158.126 C0 A80 S3200 M3
G43 H6 Z178.001	G43.4 H6 Z128.288
Z168.001	Y148.278 Z126.552
G1 Z119.001 F200	G1 Y100.022 Z118.043 F200
Y-108.881 Z118.001	Y97.301 Z127.718
X35	X35
X22.7 Y-117.595 Z112.88 C-8.571 A84.829	X37.62 Z127.291 C-8.571 A84.829
X20.248 Y-123.494 Z102.372 C-10 A90	X37.718 Z123.494 C-10 A90
Y-78.494	Z78.494
X28.875 Y-80.972 Z93.405 C-5.125 A95.138	Z72.282 C-5.125 A95.138
X32.568 Y-88.08 Z83.271 C0 A100	X32.568 C0 A100
X-34.242 Y-88.064 Z84.49 C1.65 A99.864	X-37.059 Z72.288 C1.65 A99.864
X-20.248 Y-73.818 Z102.372 C10 A90	X-37.718 Z73.818 C10 A90
Y-123.818	Z123.818
X-23.769 Y-115.854 Z114.528 C7.934 A83.894	X-37.56 Z127.379 C7.934 A83.894
X-34.516 Y-108.881 Z118.001 C0 A80	X-34.516 Z127.718 C0 A80
X0	X0
Y-98.881 Z119.001	Y100.022 Z118.043
G0 Z178.001 M5	G0 Y158.126 Z128.288 M5
G49	G49
M30	G69
	M30

图 5-5-9 所示为同时使用 CAM 的 2D 挖槽刀路及锥壁曲线五轴刀路输出的 RTCP 程序实现五轴加工的仿真结果。

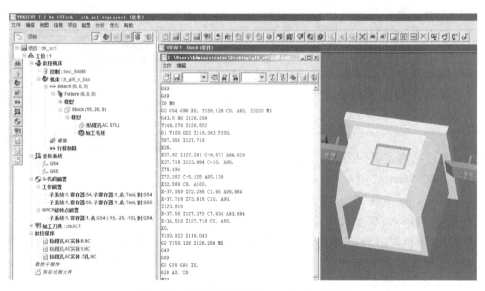

图 5-5-9　矩形槽锥壁五轴加工的仿真结果

图 5-5-10 所示为使用 I、J、K 刀轴矢量控制加工锥壁的编程控制，另行使用板件在平行于工作台的水平面内实施加工仿真调试的结果。

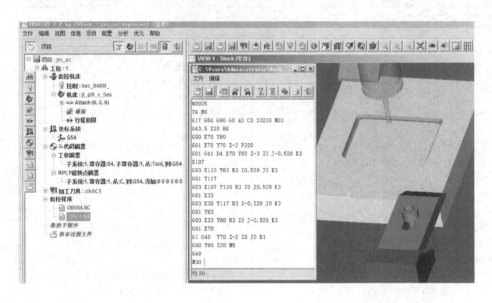

图 5-5-10　使用刀轴矢量控制五轴加工矩形槽锥壁的仿真结果

单元六　箱体零件五轴机床加工的实践

一、箱体零件及刀具的装夹与调整

该箱体零件采用铸件坯料，由于坯件下端周边已铸有法兰沿边，因此可在 JT-GL8-V 双摆台五轴机床的 C 轴转台上直接用压板螺钉进行夹紧固定，但其夹压位置应避开需加工的几个表面。箱体零件坯料在机床上的夹压固定形式如图 5-6-1 所示，其压板螺钉分布在后侧及左右两侧，零件装夹时应取其中相对平直的基准表面进行打表找正，使其平行于 X 轴或 Y 轴后方可夹紧，并将需加工矩形槽的表面置于 $+Y$ 方向，以确保程序运行的正确性。

加工该零件需准备五把刀具，分别为 $\phi80mm$ 的盘铣刀（T1）、$\phi2.5mm$ 的中心钻（T2）、$\phi10mm$ 的钻头（T3）、$\phi6mm$ 的立铣刀（T4）、$\phi5mm$ 的立铣刀（T6）。按照 JT-GL8-V 双摆台五轴机床的主轴规格，

图 5-6-1　箱体零件坯料在机床上的夹压固定形式

选用标准 BT40 刀柄以及与刀具直径大小相适应的弹性筒夹。为避免加工中因 A 轴做 90°摆转后主轴与转台间可能出现的干涉，T2、T4、T6 刀具拟选用加长型刀柄。各刀具可按图 5-6-2 所示规格选用和装夹，然后按对应刀号预装到机床刀库中。表 5-6-1 是 BT40 刀柄常用标准系列的规格尺寸。

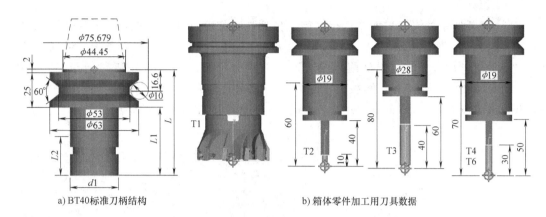

a) BT40标准刀柄结构　　　　　　　　　　　　b) 箱体零件加工用刀具数据

图 5-6-2　箱体零件加工用刀柄及各刀具主要数据

表 5-6-1　BT40 刀柄常用标准系列的规格尺寸　　　　　　　　（单位：mm）

可夹持刀径尺寸范围	d1	L	L1	L2（夹持深度）
0.5~7	19	75	48	19~48
		90	63	
		120	93	
0.5~10	28	75	48	29~58
0.5~13	34	90	63	
		120	93	32~68
		135	108	
0.5~16	42	75	48	29~58
		90	63	
		120	93	32~68
		150	123	
1.5~20	50	90	63	41~78
3.0~26	63	120	93	50~93
		150	123	

二、对刀找正与刀补设置

1. 工件零点的对刀找正

该箱体零件加工编程使用 G54、G55 两个程序零点，其中 G54 用于工步 1（面铣）、4（铣直壁槽）、5（铣周边锥壁），其零点在零件下底面中心，加工程序使用五轴机床的 RTCP 功能；G55 用于工步 2（点中心）、3（钻孔），其零点在零件上表面中心，位于 G54 正上方 200mm 高度（毛坯高度）处，使用非 RTCP 编程以拟化 RTCP 功能的实现。G54 与 G55 的 X、Y 坐标相同，Z 向相差一个毛坯的高度，因此，X、Y 方向上只需做一次对刀即可，Z 方向则需实测出毛坯上下表面的高度差。虽然部分编程使用了非 RTCP 方式，但由于采用了宏处理编程方法，工件可装夹在 C 轴转台上的任意位置，只需实测出工件零点至 C 轴转台中心的 X、Y 偏置距离后设置到程序的初始化宏变量中即可，A、C 轴间偏置值（Y_f、Z_f）可直接采用项目二第四单元中由机床 RTCP 标定得到的数据。

工件零点的找正应在 A、C 轴均处于零位（水平放置）时，现场使用电子寻边器找毛坯对称中心。如图 5-6-3 所示，先后定位到工件正对的两侧表面，记录下对应的 X1、X2、Y1、Y2 机床坐标值，则对称中心在机床坐标系中的坐标应是 [（X1+X2）/2，（Y1+Y2）/2]。这一操作可在图 5-6-4 所示的设置界面中进行，当定位到左右侧表面时，分别按"记录 A"和"记录 B"软键，然后移动 G54 的光标在 X 处，再按"分中"软键即可自动完成 G54 工件零点的 X 坐标设置。同理，当定位到前后侧表面时，再分别按"记录 A"和"记录 B"软键，然后移动 G54 的光标在 Y 处，再按"分中"软键即可自动完成 G54 工件零点的 Y 坐标设置。G54 的 Z 值可设为 0，G55 的 X、Y 零点数据与 G54 相同，其 Z 值应设为 200。

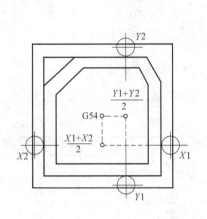

图 5-6-3　X、Y 工件零点的找正

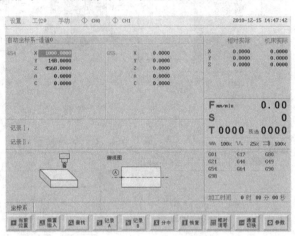

图 5-6-4　G54/G55 工件零点设置界面

2. Z 向对刀与刀长补偿设定

若使用标准高度为 50mm 的 Z 向对刀设定器并拟用工件下表面（或 C 转台上表面）为刀长补偿测量基准，则 G54 工件零点的 Z 应设为 -50mm，G55 工件零点的 Z 设为 $+150$mm。Z 向对刀以 C 转台上表面为对刀基准面时，多把刀具的 Z 轴对刀操作即刀长补偿数据的测定，可按图 5-6-5 所示，在机床上通过 Z 轴设定器来实现。分别用每把刀具的底刃去接触 Z 轴设定器至灯亮，然后逐步减小微调量到"×1"档，使 Z 轴设定器在灯亮/灯熄的分界位置时，切换系统显示为图 5-6-6 所示刀长补偿设置界面，将光标移至对应刀号所在数据区，按"当前位置"软键，系统将自动把当前刀具在机床坐标系中的绝对 Z 值坐标设置到刀长补偿数据处，由此完成各刀具刀长补偿的设定。

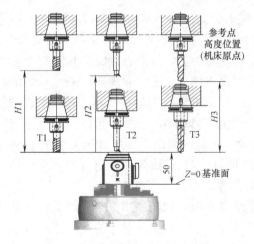

图 5-6-5　机内对刀时刀长补偿的测定

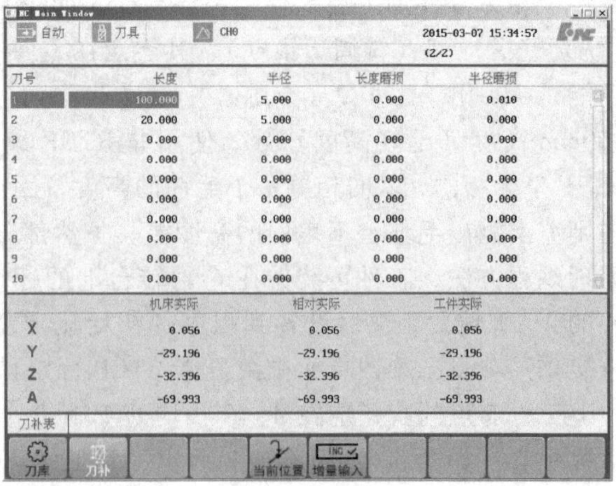

图 5-6-6　刀长补偿设置界面

按照点钻孔加工宏程序的需要，应查找出机床 RTCP 标定得到的 A、C 轴间偏置数据 Y_f、Z_f，并根据 G55 零点与 C 轴回转中心（上表面）在机床坐标系中的坐标（X_0、Y_0、Z_0）关系，计算出 X_e、Y_e、Z_e，由此分别以实测数据替换点钻加工程序中宏变量对应的初始值。

3. 倾斜面特性坐标系的数据设置

该箱体零件加工需要先按图 5-6-7 所示进行 $Q1$、$Q2$、$Q3$ 三个倾斜面特性坐标系的设置。在确认由 NC 参数 P000353 已启用倾斜面特性坐标系界面的状态下，按操作面板上的"参数"键进入参数设置界面，再依次按"参数"→"特性坐标"软键进入图 5-6-7 所示界面，移动光标分别选择 $Q1$、$Q2$、$Q3$，并依次对其 $P1$、$P2$、$P3$ 三个特征点的坐标进行输入设定，即可完成倾斜面特性坐标系的设置，为后续程序中使用 G68.1 指令选择做好准备。若拟用

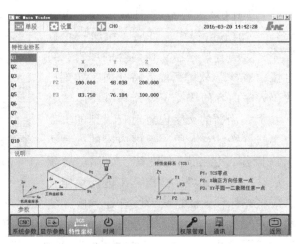

图 5-6-7　倾斜面特性坐标系的设置

G68.2 特性坐标系旋转变换方式，可不用设置 $Q1$、$Q2$、$Q3$ 数据。

三、程序载入、调整与试切加工

1. 零件加工程序的载入

设置运行模式为"自动"后，分别将前述编制出的箱体零件面铣、点钻、铣直壁槽、铣锥壁的加工程序，通过 U 盘复制转存到系统中存放。各工步加工既可采用独立的程序运行，也可将所有工步的程序合并在一个程序文件中运行。具体操作如下：

按系统操作面板上的"程序"键，然后按屏幕下方的"程序管理"软键，系统即显示图 5-6-8 所示界面，移动光标到"U盘"，在右侧程序文件列表中选择所需的程序文件后再按"复制"软键，回到系统盘文件列表后按"粘贴"软键，即可将该文件复制到系统内部存储器并出现在系统程序列表中。可重复上述操作分别将 U 盘中各加工程序文件转存到系统盘中，然后按"返回"软键退回到上一级菜单，在系统程序列表中选择待加工的 NC 程序文件后按"确认"键，即可将程序加载到内存中，如图 5-6-9 所示。

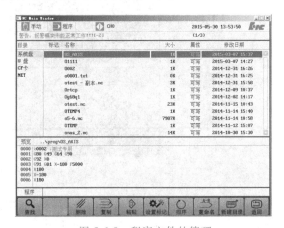

图 5-6-8　程序文件的管理

若需要在程序载入时由 CNC 系统对载入的程序进行语法检查，应设置参数 P0003 为"1"。

2. 加工程序的编辑修改

待加工程序载入后，在图 5-6-9 所示界面下，可按"编辑"软键切换到程序全屏显示界面，然后移动光标到需修改的程序行，对具体程序内容进行局部编辑修改。可按"新建"软键后给程序文件名，编辑一个新的程序。对已有长程序文档内容的编辑，可通过按"查找"软键后输入特征文字实现已知代码程序内容的快捷定位，并可使用"替换"功能，用新的文字内容对查找到的文字内容实施替换。对大段落程序内容的处理可使用块操作，包括定义块首、块尾、块复制、块粘贴、块剪切等操作。在进行块定义

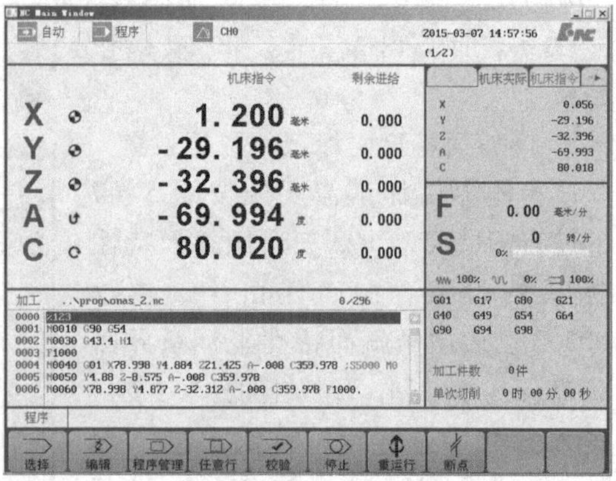

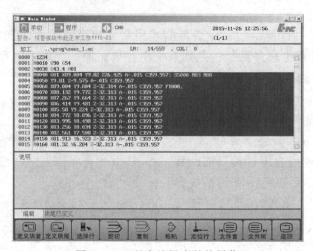

图 5-6-9　加工程序的载入

时，应将光标移到欲定义为块首处后按"定义块首"软键，再将光标移到欲定义为块尾处再按"定义块尾"软键，整个选定块的内容将加亮显示，如图 5-6-10 所示。此时，按"复制"软键可将块选定的内容复制到剪贴板中，移动光标至欲粘贴放置的位置后按"粘贴"软键，可实现整个块内容程序部分的复制操作；使用块剪切后再粘贴可实现程序内容的移动，仅使用块剪切可实现大段落程序内容的删除操作，在此过程中可使用"定位行""文件首""文件尾"功能将光标快速定位到指定位置。程序编辑修改完成后应按"保存"软键确认所做的修改，或按"另存为"软键改名保存为新的程序文件。

图 5-6-10　程序编辑中的块操作

除可对当前已载入程序文件内容进行编辑修改外，在选择程序时也可从列表中选择其他程序文档后按"后台编辑"软键，对其进行后台编辑修改操作，后台编辑不影响前台已载入程序的运行。

3. 五轴机床参数的检查确认

由于五轴加工程序特别是基于 RTCP 的程序运行受机床参数的影响较大，因此，运行前有必要在图 5-6-11 所示界面下对机床参数进行检查确认，主要包括通道参数中机床结构类

型（P040040）、转台结构类型（P040425）、转台第1/2旋转轴（AC）的方向矢量及偏移矢量（P040426～P040437）、NC参数中启用倾斜面特性坐标系界面（P000353）状态等。

4. 加工程序的运行调试

在 NC 程序载入并通过语法检查后，可先按操作面板上的"Z轴锁""空运行"键后在 Z 轴锁定的状态下按"循环启动"键以"自动"方式快速执行整个程序，或以"单段"方式逐行执行程序，能一定程度地检查除 Z 轴外其他各轴的运行情况，包括旋转轴旋转方向、

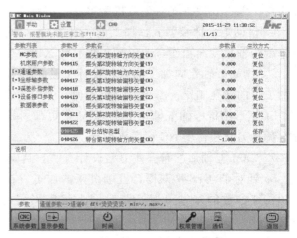

图 5-6-11　系统参数设置操作界面

旋转轴定向方位、X/Y 轴定位位置等是否正确以及超程的可能性等。

试切加工运行时应注意如下操作要点：

1）正常加工运行时必须解除"Z轴锁"和"空运行"状态。

2）每把刀具试切运行时宜先将快进及进给速度设为最小，用"单段"执行的方法运行程序，及时观察每把刀具的下刀高度位置、切入进刀位置是否正常，确保刀长补偿和工件坐标系等设置正确后才可连续正常地运行每把刀具的加工程序。

3）对于主轴转速、进给速度，在切削过程中应根据机床切削状况及时使用修调旋钮调节，以保证切削状态最佳，同时记录最佳状态下的切削参数。

4）试切运行前应将"选择暂停"按钮或功能选项设置为有效，确保在每把刀具换刀前机床系统处于暂停状态，以方便对每把刀具切削后的结果进行检测，由此判定其结果是否符合刀路设计的预期。按工艺卡片给定的深度数据检测当前刀具的切深，若存在偏差应记录，并按工艺要求调整刀长补偿设置，同时对径向加工尺寸特别是已精加工到位的尺寸进行检测并记录，以便及时发现工艺问题，或在加工完成出现问题时能方便地追踪到问题工步所在。

5）若本工步检测正常，可按"循环启动"按钮继续更换下一把刀具，并单步运行监控该刀具的运行状况。

6）若发现某刀具运行位置不正确或程序运行中有撞刀的可能，应按"进给保持"或"急停"按钮及时中止，查对问题发生的原因，分析确定解决问题的策略。

思考与练习题

1. 本章箱体零件案例中有哪些特征结构需用到五轴加工？各涉及哪些五轴加工编程处理功能？

2. 使用 G68.1 倾斜面特性坐标系编程时其坐标系如何构建？编程时需要配合哪些功能指令方能正常发挥作用？

3. 与项目三五轴钻孔的手工非 RTCP 编程相比，本章点钻加工的宏处理编程有何不同？

参照这一编程处理方式对理解机床 RTCP 功能的实现方法有无助益？

4. 借助矩形槽锥壁五轴加工的编程案例，如何理解五轴编程中旋转轴矢量的计算？相对于旋转轴角度编程而言，矢量编程有什么优势？

5. CAM 五轴定向加工的刀路设计一般应如何操作？五轴钻孔刀路如何设计？和五轴定向加工下的钻孔相比，哪种方法更简便？

6. 矩形槽锥壁的五轴加工在 CAM 中可采用哪些刀路形式实现？哪种刀路设计方法更简便？哪种刀路获得的 NC 程序更简单？

7. CAM 五轴加工有哪些刀路设计方法？其应用适应性大致如何？

8. 针对 JT-GL8-V 双摆台五轴机床的加工，在 CAM 五轴后置中应进行哪些机床结构类型和特征参数的基本设置？针对同类机床不同的 A、C 轴间偏置数据，应如何实现灵活设置？

9. 对于 HNC-848 数控系统的 G68.1 倾斜面特性坐标编程规则，如何进行 CAM 五轴后置的定制方可得到所需的 NC 程序输出？其特性坐标系的序号可如何设定？刀路设计时对工件平面与刀轴平面的关系应如何处理？

10. 如何利用 CAM 自定义钻镗循环刀路定义功能定制一个 HNC-848 数控系统的钻铣样式循环？大致涉及哪两个方面的定制修改？对话框中数据采集所依据的数据源变量是如何分布的？

11. 在 VERICUT 五轴加工仿真软件中，为实现倾斜面特性坐标系 G68.1 格式输出程序的仿真，应进行哪些控制系统环境设置的定制处理？能否直接定制出适合 HNC-848 数控系统 G68.1 Qn 格式的仿真环境？

12. HNC-848 数控系统和 FANUC-300i 数控系统的倾斜面特性坐标编程规则有何不同？如何解读 FANUC-300i 数控系统倾斜面特性坐标系编程格式中的坐标轴旋转变换关系？若箱体零件右前侧顶部斜表面以题图 5-1 所示进行特性坐标系各轴方位的构建，其坐标轴角度旋转变换的关系应该如何计算？该面加工的 G68.2 程序如何编写？对用户而言，HNC-848 数控系统和 FANUC-300i 数控系统的倾斜面特性坐标编程哪个更简便？

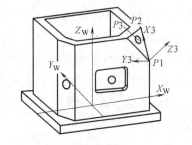

题图 5-1　右前侧斜表面构建

13. VERICUT 在宏变量编程规则处理上与 HNC-848 数控系统有何不同？在系统环境的 G 代码处理设置中，变量注册许可（Registers）、功能代码声明（States）、选择分支处理（Branching）等的先后顺序对仿真算法及效果会产生什么影响？

14. 为模拟 RTCP 功能而将箱体零件在 AC 转台上偏置安装，在 VERICUT 中该如何进行 RPCP 位置偏置关系的设定？与之相适应的三孔点钻加工宏程序该如何调整方可获得理想的仿真结果？

15. 使用 VERICUT 实施矩形槽锥壁五轴加工程序仿真时，为实现含 I/J/K 旋转轴矢量的直线与圆弧插补，应该进行什么设置？程序中的旋转轴矢量和 HNC-848 数控系统机床实际加工的程序有何不同？为什么？

16. 一般圆弧插补指令允许用 I/J/K 为圆心与起点间相对位置关系编程，但五轴加工中

又允许 *I/J/K* 为旋转轴角度矢量设定，如何解决这一矛盾？

17. 基于非 RTCP 程序与 RTCP 程序的五轴机床加工，对零件装夹位置要求有何不同？针对该箱体零件的五轴综合加工，该如何进行对刀操作？如何实现 RTCP 与非 RTCP 程序的兼容？在刀路设计、程序零点及 NC 输出之间应有哪些对应的关系？

18. 在 HNC-848 数控系统中，如何进行多个倾斜面特征坐标系的设置？基于 RTCP 程序的加工，程序运行前主要应检查确认哪些五轴参数的设置？

19. 说出使用 HNC-848 数控系统的 JT-GL8-V 机床实施零件五轴加工的大致工作过程，并适当解释其操控过程中的技术要点。

20. 根据项目五案例训练的要求，分别用手工编制的程序、CAM 自动编制的程序、非 RTCP 模式和启用 RTCP 功能的程序等多种手段，进行指定内容的加工试切，整理归纳其异同点并进行操控要点的解析说明。

项目六

含叶轮特征零件的五轴加工工作案例

单元一　零件模型的分析与构建

本节以 Cimatron E7.2 软件应用为例介绍含叶轮特征零件的 CAD 建模。

一、含叶轮特征零件的图样分析

图 6-1-1 所示零件图样，含两个叶轮槽特征，在其他无叶轮槽的曲面区域另有几个槽型及文字刻线等特征内容。其叶轮槽中的叶片型线的构成如图 6-1-2 所示。该零件拟用于进行叶轮槽特征的五轴联动加工、其他曲面以及字槽特征的五轴定向加工和相关五轴加工方法的

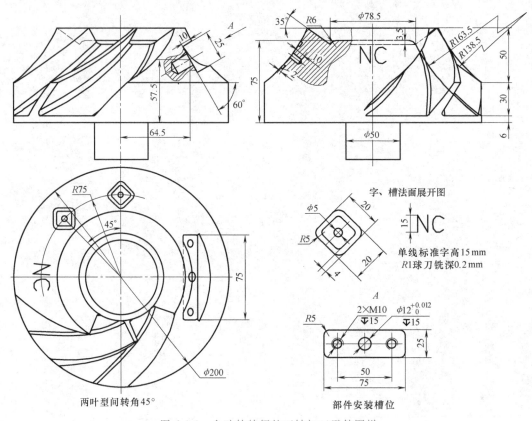

图 6-1-1　含叶轮特征的五轴加工零件图样

刀路训练。在 $\phi150mm$ 柱切面（$r/R=0.75$）处，叶截面的叶背型线和叶面型线及其位置关系在图 6-1-2 中表达为：叶截面的中线螺旋角为 45°，叶面型线至中线的距离为 1.34mm，叶背型线至中线的距离为 6.16mm。整个叶片由叶截面以半径 100mm 绕其轴心线旋转形成后再经多向切割得到。

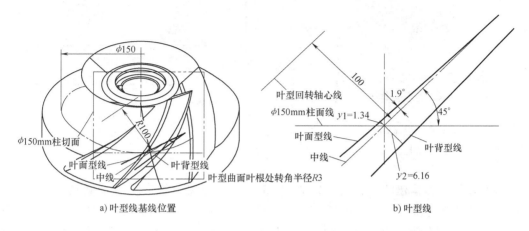

a) 叶型线基线位置　　　　　　　　b) 叶型线

图 6-1-2　叶轮零件叶型线的构成

二、含叶轮特征零件的几何建模

1. 叶轮基体的 3D 建模

叶轮基体的 3D 建模比较容易，只需要在 XZ 平面上绘制图 6-1-3 所示的草绘封闭线框后，绕旋转轴线旋转 360°构建实体即可。

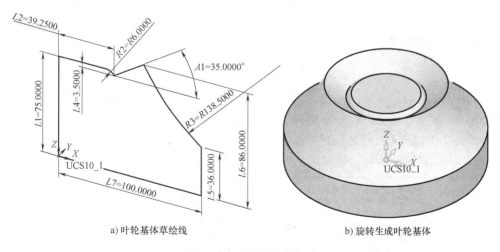

a) 叶轮基体草绘线　　　　　　　　b) 旋转生成叶轮基体

图 6-1-3　叶轮基体的构建

2. 叶轮槽实体模型的构建

（1）绘制 $\phi150mm$ 叶截面上的叶型线　如图 6-1-4a 所示，在 XZ 平面上绘制 R163.5mm 的弧线，找到 $\phi150mm$ 柱切面与其的交点，作一个通过该点并与 XZ 平面平行的基准平面，按图 6-1-4b 所示在该面中绘制叶截面的中线、叶背型线和叶面型线，同时以 100mm 的距离在左上绘出中线的平行线，作为叶型建模用的回转轴心线。

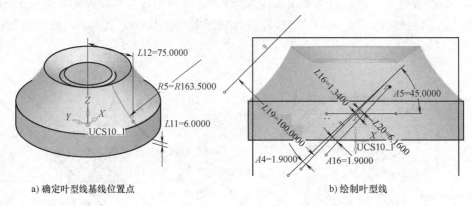

a) 确定叶型线基线位置点

b) 绘制叶型线

图 6-1-4　叶截线的构建

（2）旋转裁切构建叶片曲面　如图 6-1-5a 所示，先将 $R163.5mm$ 的圆弧进行旋转，生成叶轮基体的旋转曲面，再将叶面型线延长，并按图 6-1-5b 所示绕距离 100mm 的平行线以 60°增量双向旋转绘制出部分圆柱面，然后以基体曲面为边界对该柱面实施裁切保留得到图 6-1-5c 所示基体面上部裁切后的叶面曲面。

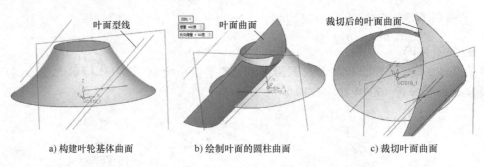

a) 构建叶轮基体曲面

b) 绘制叶面的圆柱曲面

c) 裁切叶面曲面

图 6-1-5　叶面曲面的构建

如图 6-1-6a 所示，采用同样操作对叶背型线实施叶背曲面的旋转构建及裁切处理。最后如图 6-1-6b 所示，用 $R138.5mm$ 的圆弧面对该两叶型曲面和叶背柱面进行裁切，保留得到 $R163.5 \sim R138.5mm$ 弧面之间的叶型曲面。通过复制和裁切，可得到图 6-1-6c 所示的两个流道槽，并分别进行缝合，使其成为两组各自连接的曲面。

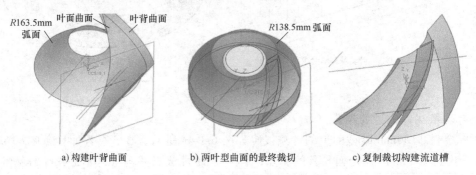

a) 构建叶背曲面

b) 两叶型曲面的最终裁切

c) 复制裁切构建流道槽

图 6-1-6　叶轮槽曲面的连接构建

（3）叶轮槽的实体切割　如图 6-1-7a 所示，结合之前构建的叶轮基体，用实体切除指令，将流道槽切出来，如果方位不对，可将两个流道槽曲面做适当旋转后再实施切割，切割后得到的叶轮槽实体如图 6-1-7b 所示。

3. 定向矩形槽孔的构建

绘制图 6-1-8a 所示的直线，端点位于 XZ 平面的（X64.5，Y57.5）位置，再按图 b 所示，依点和直线作垂直基准平面，在该基准平面上以直线的端点为中心绘制 75mm×25mm 的矩形，如图 6-1-8c 所示。

a) 流道槽切割基体

b) 切割后的叶轮槽实体

图 6-1-7　叶轮槽的实体切割

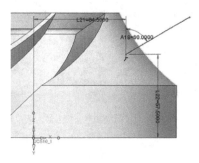
a) 确定矩形槽定点位置

b) 定义作图基准面

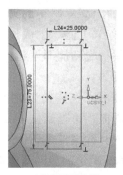
c) 绘制矩形线框

图 6-1-8　矩形槽线框的构建

如图 6-1-9a 所示，先将该矩形沿直线方向进行实体切除拉伸，然后对矩形槽的四个转角处实施实体倒圆角处理，即可得到图 6-1-9b 所示实体切割的矩形槽，在该矩形线框作图基准面上绘制三个点后，即可生成图 6-1-9c 所示实体切割孔。

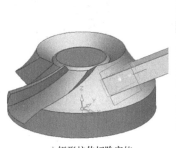
a) 矩形拉伸切除实体

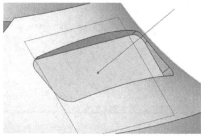
b) 转角处实体倒圆角

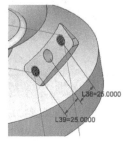
c) 绘点后生成孔

图 6-1-9　矩形槽孔的实体切割构建

4. 方形环槽实体特征的构建

如图 6-1-10a 所示，在 YZ 平面上绘制一条离原点距离为 75mm 的竖直线，并在线与面的穿插点上作曲面的法向线；如图 6-1-10b 所示，以此法向线和穿插点作为基准平面，并在基准平面上绘制圆角矩形；如图 6-1-10c 所示，提取实体上的圆弧面并复制一份，然后投射切割得到图 6-1-10d 所示的曲面。

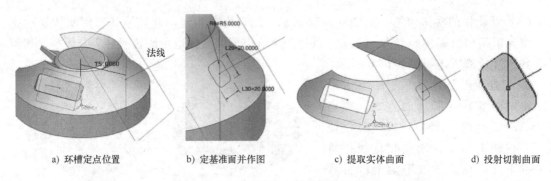

a) 环槽定点位置　　b) 定基准面并作图　　c) 提取实体曲面　　d) 投射切割曲面

图 6-1-10　基本方形曲面的构建

如图 6-1-11a 所示，沿曲面法线方向以向下 2mm 的距离复制得到另一曲面，然后用实体中的放样功能，生成图 6-1-11b 所示的实体，再用抽壳功能即可得到图 6-1-11c 所示的方形环实体。

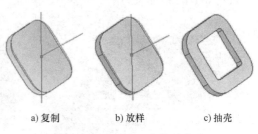

a) 复制　　　b) 放样　　　c) 抽壳

图 6-1-11　方形环实体的构建

该方形环实体与前述叶轮槽实体通过实体切除功能，可得到图 6-1-12a 所示的方形环槽，沿逆时针方向进行 45°旋转变换，可得到图 6-1-12b 所示的另一个方形环槽。

5. 曲面字形刻线的构建

如图 6-1-13 所示，在矩形槽孔的 X、Z 对向侧面定义作图基准面，并写好"NC"文字，然后沿视向投射到曲面上即可。

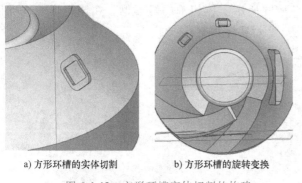

a) 方形环槽的实体切割　　b) 方形环槽的旋转变换

图 6-1-12　方形环槽实体切割的构建

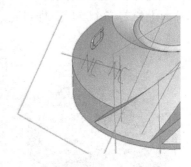

图 6-1-13　曲面字形刻线的构建

单元二　含叶轮特征零件的五轴加工刀路设计

本单元以 Cimatron E7.2 软件应用为例介绍含叶轮特征零件五轴加工的 CAM 刀路设计。

一、口部锥面五轴加工的刀路设计

图 6-1-1 所示零件中，口部 35°的锥面以及根部 $R6mm$ 的转角凸起部位，既可在毛坯准

备时通过车削加工做出，也可在后续加工中通过五轴加工得到。

　　针对口部锥面部分的加工，应按未做叶片切割的初始状态构建曲面，再提取绘制出锥面根部的曲面边线。选择"五轴航空铣"中"平行于曲线"的刀路定义方法，根据锥面长度对刀具刃长的要求选用平底铣刀，在图 6-2-1 所示切削方式设置中，选取该曲面边线为"驱动曲线"，选锥面为驱动曲面，并按图 6-2-1 所示选择并设置定义切削次数以及刀轴方向的进给间距等参数。

　　在图 6-2-2 所示刀轴方向控制设置中，选择沿着刀轴方向以相对于 Z 轴成固定角度的控制方式，并按待加工锥面角度关系设置其固定的倾斜角度值。

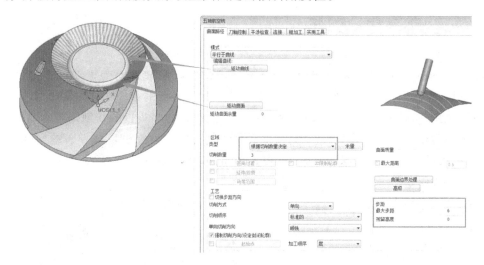

图 6-2-1　平行于曲线多轴切削方式的参数设置

　　若锥壁口部毛坯为 $\phi78.5$mm 的直壁柱筒结构，则以上锥壁五轴加工还应进行粗加工分层的参数设置。在粗加工项目设置中勾选分层切削，根据图 6-2-3a 测算出锥面最大法向深度余量约为 12.1mm，分层的刀间距不超过刀具直径的 0.8 倍，因此只需设置分两层粗切，然后重新进行刀路计算即可得到图 6-2-3b 所示分层的刀路。同时，为防止平刀在锥底处出现过切，应测算出锥底必须预留的余量（见图 6-2-3a 中的 0.06mm），然后在切削方式中边缘设置项的"起始边界"处设置该值，刀路计算时所有刀路将沿刀轴方向整体迁移 0.06mm 的距离。

图 6-2-2　平行于曲线刀轴方向控制设置

　　对于与锥底交接处 R6mm 弧面凸起部位的加工，可选择局部铣中"零件曲面—五轴"的刀路定义方法，选用 $\phi8$mm 转角半径为 R2mm 的圆鼻铣刀，在图 6-2-4 所示切削方式设置

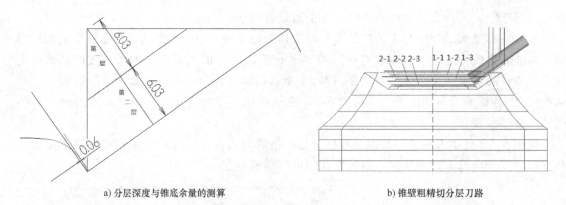

a) 分层深度与锥底余量的测算   b) 锥壁粗精切分层刀路

图 6-2-3   锥壁粗精切刀路控制

中，选取该 R6mm 凸弧曲面为加工用"零件曲面"，选取侧壁锥面为干涉检查的"检查曲面"，合理设置流线参数，如外补正、周向切削、由上而下的步进方向、逆时针起始方向等，设置切削方向以弦高误差 0.02mm 的精度进行控制，行间步进的切削间距为 0.5mm；在图 6-2-5 所示刀轴方向控制设置中，按待加工锥面角度关系设置沿切削方向的前倾角为 0°，侧倾角度不超过 -55°（在此取 -30°），则可得到图 6-2-6 所示的五轴加工刀路。

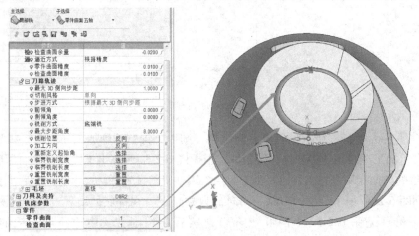

图 6-2-4   "零件曲面—五轴"切削方式参数设置

图 6-2-5   "零件曲面—五轴"刀轴控制设置   图 6-2-6   "零件曲面—五轴"加工刀路

二、部件安装槽孔定向加工的刀路设计

对于零件侧壁曲面中矩形槽孔部分的加工内容，其特征属于某一特定平面上的 2D 挖槽

和钻孔范畴，只是该平面不在标准视角方向，需要通过五轴定向摆转使刀具轴线与槽底平面垂直后方可开始加工。在进行五轴定向刀路设计时，可选择槽底轮廓特征图素或槽底实体表面，以重新构建该槽孔加工用的刀具平面，该刀具平面原点位置与 MODEL 原始坐标系可以不相同（如果后处理支持，NC 程序输出时可以切换使用新的坐标系计算坐标值，方便检查挖槽的代码，如果后处理不支持多坐标系原点偏置，则仅在使用原始坐标系基础上增加第四、五轴的角度摆转定向指令，并以 MODEL 坐标系计算坐标值）。在这一刀具

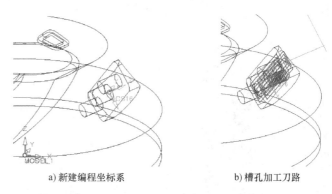

a) 新建编程坐标系   b) 槽孔加工刀路

图 6-2-7 槽孔五轴定向加工的刀路设计

平面下，按常规 2D 挖槽和钻孔刀路定义方式分别选择槽形轮廓、孔位中心等进行刀路设计即可。如图 6-2-7a 所示，应按曲面到槽底深度差的最大值为槽深进行分层设计，槽孔五轴定向加工的刀路如图 6-2-7b 所示。

三、弧面字槽五轴刻铣加工的刀路设计

和前述部件安装槽孔不同，弧面字槽均自弧形曲面开始等深度向内切割而成，因此不能通过五轴定向后采用 2D 铣削加工方法实现，需要采用适应弧面变化的"曲线铣 五轴"加工。

"NC"字形要求用 $R1mm$ 的球刀沿弧面向下刻铣 $0.2mm$ 进行加工，因其为单线字形，只需控制刀尖沿字形轮廓线行走即可。根据字形在弧形曲面所处的视角区间，在标准俯视刀具面下可直接用 3D 曲线刻铣加工，但刻铣的效果不会太理想；若五轴定向摆转到其法向视角后再做曲线投影加工，其效果比俯视刀具面下刻铣会好得多。字形刻铣可在标准俯视刀具面下选择轮廓铣的"曲线铣 五轴"刀路定义方式，在图 6-2-8 所示切削方式设置中选择前述投射到曲面上"N"字样的 3D 曲线，刻铣深度则需要在"曲面偏距"处以"-0.2000"的值进行设置。用同样的方法完成"C"的加工。

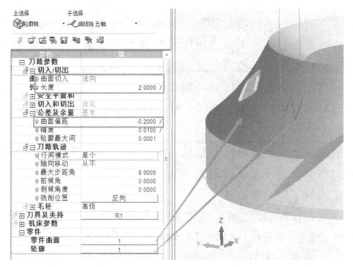

图 6-2-8 弧面字形"曲线铣 五轴"的切削方式选择

方形环槽的五轴铣削可采用如下方法实现。不绘制环槽中线，可按图 6-2-9 所示，用五轴加工的航空铣平行于曲线的

加工方法，仅选择外环曲线为切削用 3D 曲线，设置切削数量和起始余量就可得到环槽铣削的五轴刀路。但为确保环槽切削完整，在"延伸/修剪"项目中应设置一定的封闭环绕重叠量。

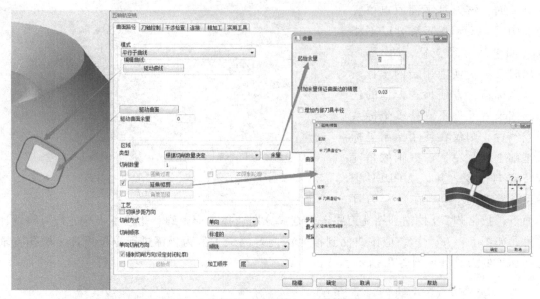

图 6-2-9　方形环槽五轴曲线加工的刀路参数设置

四、含叶轮特征零件五轴加工的刀路设计

针对两个叶轮槽特征部位的五轴加工，既可以选择多轴刀路的叶轮加工专用模块，也可以采用航空铣基本刀路方法，但都无法直接通过一个刀路完成一个叶轮槽的加工。叶轮加工专用模块中有叶轮流道精铣、叶轮侧刃精铣等相对独立的刀路，这些其实也就是各类五轴基本刀路的应用。使用五轴基本刀路加工叶轮时，可先用"平行于曲面"的刀路定义方法对叶片侧刃面进行加工，然后用"两曲面间仿形"的刀路定义方法对流道曲面进行加工。

和前述方形环槽的刀路定义方式不同，用"平行于曲面"的刀路定义方法加工叶片左右侧表面时，应各自以其一侧表面为加工用驱动曲面，以槽底曲面为平行边界的引导曲面，令刀具轴线相对于侧表面的法线做 90°摆转后，使刀具侧刃紧贴槽侧表面实施高效加工。其切削方式设置应如图 6-2-10 所示，刀轴摆转后其切削间距相当于分层下行的深度。为保证切削完整，两侧应进行一定比例的刀路延伸量设置，在边缘设置中，边界距离则为刀具和槽底曲面平行边界之间的距离。采用平底铣刀粗切时，在加工面保留 0.2mm 的补正量，此即为粗切加工后的余留量。

在刀轴控制设置中，应选用"相对切削方向倾斜"的方式，由此可进行侧边 90°倾斜角度的设置，令刀具轴线相对于侧表面的法线做 90°摆转，转化为刀轴平行于槽侧表面实施加工，如图 6-2-11 所示。若刀轴侧边倾角设为 0°，其效果和刀轴沿着"曲面"一样，刀轴始终垂直于曲面，由底刃实施切削，刀具将不可避免地和槽的另一侧发生干涉。在进行槽侧表面加工时，还可在勾选粗加工设置中的"分层切削"后，进行分层次数及切削层间距的设置，以适当去除槽底曲面切削时难以加工到的侧表面附近的残料，但对于分层后层间刀路的

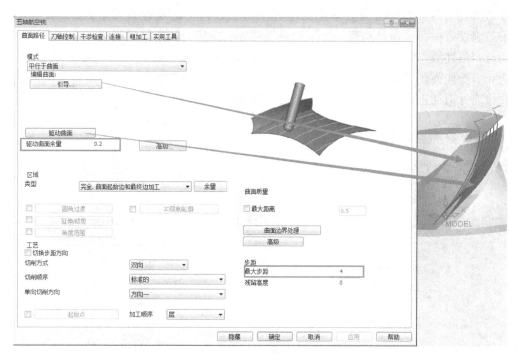

图 6-2-10　叶片侧刃面用"平行于曲面"五轴加工的切削方式设置

连接，应在共同参数中适当选择进退刀方式进行设置并观察连接效果，避免干涉碰撞和过切的现象产生。

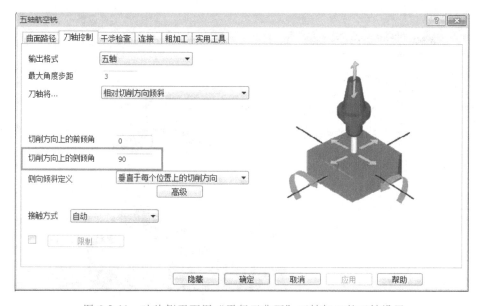

图 6-2-11　叶片侧刃面用"平行于曲面"五轴加工的刀轴设置

叶轮槽另一侧表面的粗切加工也可参照该刀路定义的方法进行设计。

槽底曲面可用多轴刀路中"两曲面仿形"的刀路定义方法，按图 6-2-12 所示在切削方式设置中分别选择两侧曲面为第一、第二边界曲面，选择槽底曲面为加工用驱动曲面，并分别设置切削行间距、曲面边界处理中的边界距离、延伸中的延伸量等。如图 6-2-13 所示，在刀轴控制设置中，可通过构建一个串连路径的方法，使刀轴始终不脱离该路径或相对该路径以固定的角度倾斜方式进给，通过合理设计刀轴串连路径而达到相对侧表面可控的避让。也可选择引导曲面的刀轴控制方法，按照叶片建模时其侧表面型线的几何角度关系，正确设置其在切削方向侧边所需倾斜的角度，从而实现有效的避让。

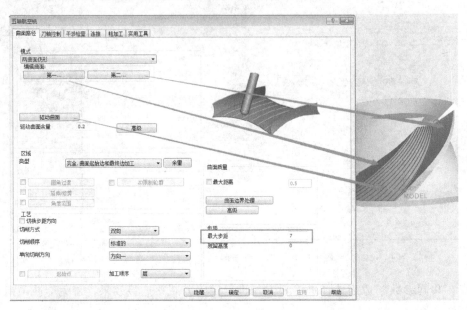

图 6-2-12　流道曲面五轴加工的切削方式设置

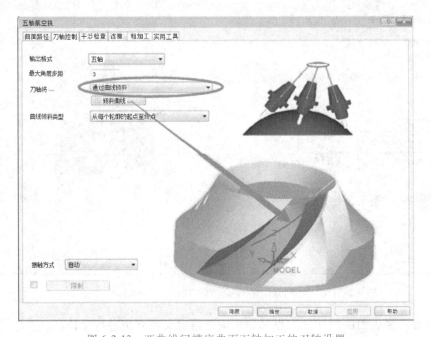

图 6-2-13　两曲线间槽底曲面五轴加工的刀轴设置

为了构建一个合理的刀轴控制串连路径，可将叶片建模时叶型线的中线绕其回转轴线构建一个旋转曲面，再将 $R138.5$mm 的外凹弧曲面向外补正到一定高度（如补正距离 20mm，即 $R118.5$mm），如图 6-2-14 所示，求得该两曲面的交线后，将该交线在俯视面内绕 Z 轴旋转 $22.5°$即可。该串连路径处于叶轮槽中间的正上方，用于槽底曲面加工的刀轴控制时能较好地兼顾各个方向的干涉避让，但由于它处于槽形的中间，在刀轴不脱离该串连路径的情形下，难以对叶片两侧壁表面进行完整切削，因此，需要配合使用前述"平行于曲面"的刀路定义方法分别对两侧壁表面实施切削。

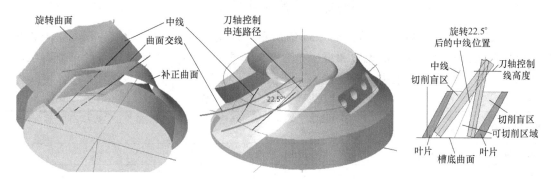

图 6-2-14　刀轴控制串连路径的构建及其加工区域的控制

为实现槽底曲面在深度方向的粗切分层，可在"粗加工"设置中勾选"深腔切削"，然后设定粗切次数和分层间距；若要得到另一个叶轮槽的加工刀路，只需要勾选"平移/旋转"，然后设定"变换数量"为"2"，"旋转角度"为"-45"（逆正顺负）即可，如图 6-2-15所示。

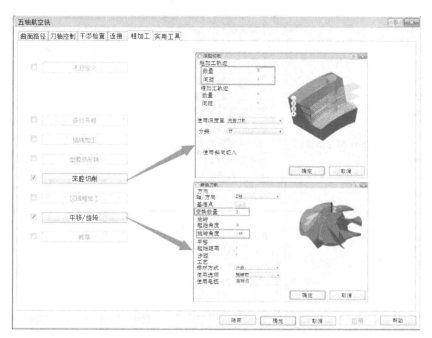

图 6-2-15　深度分层的粗切设置及多槽加工的旋转变换设置

叶轮特征的精修加工可参照上述刀路进行设计。精修刀路定义时应选用球刀，将加工面补正余留量设为"0"，关闭粗切加工的分层及分次设置，球刀精修的行切间距应密化，具体数值应根据所用刀具尺寸及其实际加工结果是否满足质量要求而定。

单元三　含叶轮特征零件的五轴加工程序调试及仿真检查

一、基于 JT-GL8-V 五轴机床的后置设置

针对 JT-GL8-V 五轴机床，在 Cimatron 的后置处理文档中，可按表 6-3-1 所示进行设置，其中包括系统内置固定参数的设置和可变参数开放设置的许可。对开放许可的可变参数项，允许用户在后置设置对话框中进行设置。

表 6-3-1　主要参数设置及含义解析

GPP_PROCDEF DefineMachine;	段落定义，从冒号开始到下一个类似的段落为止，这一段的内容为机床定义部分
M5_USE_MACH = FALSE_;	不使用机床原点

IF(FlagRtcp = = TRUE_)
　M5_RTCP_M128 = TRUE_;
ELSE
　M5_RTCP_TAB = FALSE_;
END_IF;
	RTCP 方式确认
	判断交互区中 FlagRtcp 选项是否为真
	使用 RTCP 方式输出代码
	否则
	不使用 RTCP 方式输出代码
	结束判断

M5_A_VECX = 0; M5_A_VECY = 0; M5_A_VECZ = 0; M5_B_VECX = 0; M5_B_VECY = 0; M5_B_VECZ = A_OFF;	第一旋转轴和第二旋转轴与坐标原点的距离 　这里只需要设定 M5_B_VECZ 等于一个变量，该变量在交互区中进行变量初始化，并在后处理对话框中输入，后处理工作过程中将把后处理对话框中输入的数值代入该赋值语句。该选项在非 RTCP 模式下输出有效，在 RTCP 模式下不会影响 G 代码输出

// properties of alpha axis
M5_A_LETTER = "A";
M5_A_MIN_ANG = -42.;
M5_A_MAX_ANG = 120.;
M5_A_PREF = PREF_POSITIVE;
M5_A_CYCLIC = FALSE_;
M5_A_RESETABLE = FALSE_;
M5_A_REVERSED = FALSE_;
	第一旋转轴属性（注释行）
	第一旋转轴代码字符为"A"
	第一旋转轴最小角度为-42°
	第一旋转轴最大角度为120°
	第一旋转轴优先旋转方向为正向
	第一旋转轴循环方式为非循环
	第一旋转轴重置模式为否
	第一旋转轴反向模式为否

// properties of beta axis
M5_B_LETTER = "C";
M5_B_MIN_ANG = -360.;
M5_B_MAX_ANG = 360.;
M5_B_PREF = PREF_NONE;
M5_B_CYCLIC = FALSE_;
M5_B_RESETABLE = FALSE_;
M5_B_RESET_FROM = -360;
M5_B_RESET_TO = 360;
M5_B_REVERSED = FALSE_;
	第二旋转轴属性（注释行）
	第二旋转轴代码字符为"C"
	第二旋转轴最小角度为-360°
	第二旋转轴最大角度为360°
	第二旋转轴优先旋转方向为不确认
	第二旋转轴循环方式为非循环
	第二旋转轴重置模式为否
	第二旋转轴重置从-360°起
	第二旋转轴重置到360°止
	第二旋转轴反向模式为否

（续）

// machine simulation
MACH_SIM_ORDER = "XYZBA";
X_SAFE_POS = -100;
Y_SAFE_POS = -100;
Z_SAFE_POS = 400;
A_SAFE_POS = 0;
B_SAFE_POS = 0;
	仿真设定（注释行）
	轴动作优先顺序为"XYZBA"
	在机床仿真时各轴的安全位置

//Machine definition statement DEFINE_MACHINE TABLE_TABLE AX5_ PX AX5_MZ;	机床结构定义（注释行） TABLE_TABLE 是指双摆台机床，第一个 AX5_PX 指第一轴为 X 正向旋转，第二个 AX5_MZ 指第二轴为 Z 负向旋转。该定义依循右手定则，大拇指指向定义中描述的方向（X 正向或 Z 负向），其他弯曲的四个手指代表该旋转轴的正旋转方向

根据叶轮特征零件在机床上的装夹状况，从 C 轴转台上表面至工件 Z 向零平面之间应该有一定的高度距离（如110mm），在后置处理设置中其可变参数项应按图 6-3-1 所示，设置从 A 轴轴线到工件零点的 Z 向偏移距离为-110mm，然后才可进行五轴加工非 RTCP 模式 NC 程序的输出，若要输出 RTCP 模式的 NC 程序，只需将 RTCP 模式设为"YES"即可。

图 6-3-1　双摆台 A、C 轴间 Z 向偏置距离的设置

二、VERICUT 下含叶轮特征零件的加工程序调试及仿真

1. 五轴仿真环境的构建

为实现含叶轮特征零件的五轴综合加工仿真，可选择项目四中按 HNC-848 数控系统环境定制的 HNC-848.CTL 为控制系统，选用前期按 JT-GL8-V 摇篮式 AC 双摆台结构建立的 JT-GL8-V.MCH 为机床结构模型，然后更改 C 轴转台下夹具附件（fixture）的部件构成，由卡盘座 C0、自定心卡盘 C1 和卡爪 C2 等 STL 模型构成叶轮加工用夹具。添加夹具后的 JT-GL8-V 五轴机床模型如图 6-3-2 所示。

叶轮毛坯按图 6-3-3a 所示构建，由车削加工制备。在 CAM 软件中构建出毛坯实体后，另存为 STL 文档格式即可在 VERICUT 中调入使用。

若拟使用非 RTCP 模式程序进行仿真加工，则程序输出前应根据对所用机床进行 RTCP 标定时所测得 A、C 轴线间的 Y、Z 偏置矢量，再加上按图 6-3-3b 所示方式装夹后，由卡盘座、卡盘及卡爪叠加起来的从 C 轴转台上表面到卡爪顶面（即叶轮零件建模的 Z0 基准面）的 Z 向高度差（如110mm），对 CAM 后置处理参数进行设定。即使要按 RTCP 模式程序进行仿真，也应按这些偏置关系调整 A、C 轴间的相对位置，并设置工件零点与 A、C 轴心间的 RPCP 旋转点偏置关系。

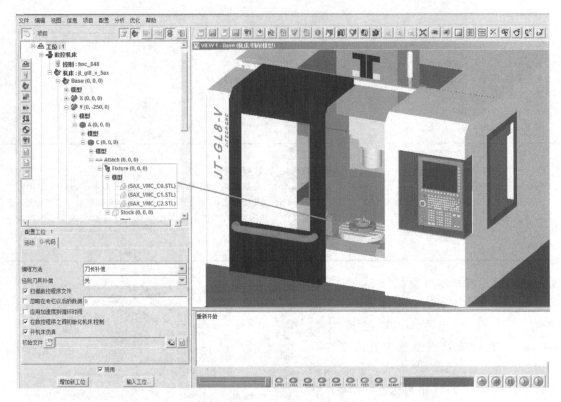

图 6-3-2 添加夹具后的 JT-GL8-V 五轴机床模型

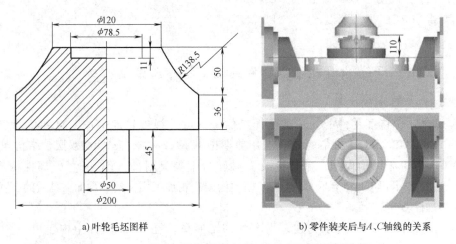

a) 叶轮毛坯图样   b) 零件装夹后与 A、C 轴线的关系

图 6-3-3 叶轮毛坯及装夹后与 A、C 轴线间的几何关系

　　含叶轮特征零件的五轴综合加工刀具系统应根据表 6-3-2 所示 CAM 刀路中所设定的工艺顺序，按照刀路设计时各工序所用的刀具号码、刀长及工作刃长等数据进行构建。为更准确地获得仿真检查的信息，刀柄结构及几何参数应参照所用刀具的实际尺寸进行建模。

　　图 6-3-4 所示为零件加工所需的刀具，六把刀具均按 BT40 标准刀柄构建。图 6-3-4a 所示为 BT40 标准刀柄结构，图 6-3-4b 为加工所用刀具的装夹长度。

表 6-3-2 含叶轮特征零件的数控加工工艺卡片

工序名称		数控加工工艺卡片									

零部件名称	含叶轮特征零件
文件路径	E:\多轴加工\叶轮加工模型
机床名称	JT-GL8-V
材料	ALUMINUM mm-2024
夹具名称	自定心卡盘
编制者	zhx
日期	2017/5/28 10:08
备注:	

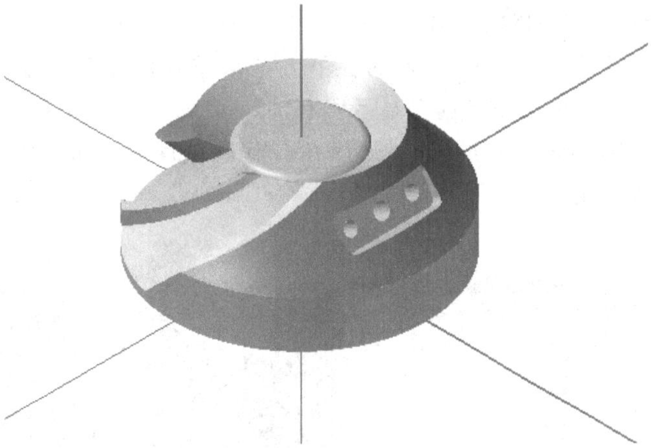

刀号	刀具类型	刀具规格/mm	悬伸刀长/mm	工作刃长/mm	刀补号 H	加工方式	主轴转速/(r/min)	下刀速度mm/min	进给速度mm/min	Z切深/mm	切削时间
1	立铣刀	φ10	50	45	1	Swarf 5 Axis	2800	200	400	76.87	0:24:46
1	立铣刀	φ10	50	45	1	挖槽	2800	200	400	84.61	0:03:50
1	立铣刀	φ10	50	45	1	Advanced 5-Axis	2800	200	400	7.2	0:09:07
1	立铣刀	φ10	50	45	1	Advanced 5-Axis	2800	200	400	7.17	0:08:12
1	立铣刀	φ10	50	45	1	Advanced 5-Axis	2800	200	400	0.94	0:41:07
2	圆鼻刀	φ8	40	30	2	Flow 5 Axis	3000	200	300	76.09	0:08:05
3	钻头	φ5	40	30	3	深孔啄钻-完整回缩	3200	2.7	150	69.61	0:00:25
4	球刀	φ2	25	10	4	五轴曲线	3500	60	200	55.01	0:00:20
4	球刀	φ2	25	10	4	五轴曲线	3500	50	200	55.18	0:00:17
5	立铣刀	φ3	25	20	5	Advanced 5-Axis	3200	50	200	54.75	0:01:58
6	球刀	φ10	50	45	6	Advanced 5-Axis	2500	200	500	2.1	0:59:00
6	球刀	φ10	50	45	6	Advanced 5-Axis	2500	200	500	4.33	0:03:16
6	球刀	φ10	50	45	6	Advanced 5-Axis	2500	200	400	5.39	0:04:52

总切削时间:2:45

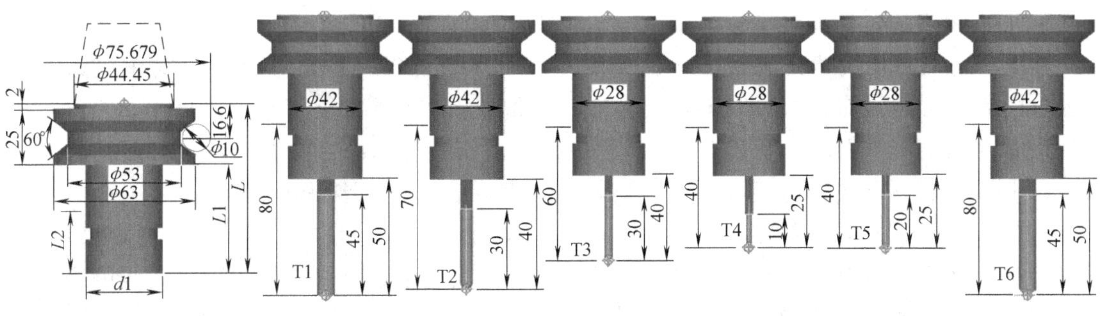

a) BT40标准刀柄结构 b) 叶轮零件加工用刀具的装夹长度

图 6-3-4 叶轮五轴综合加工用刀柄及各刀具主要数据

2. 对刀与程序零点的确定

对该含叶轮特征零件而言，其刀路设计时以 φ200mm 圆柱的下端面中心为工件零点，在 VERICUT 中就是相对于 C 轴转台零位 Z 轴向上偏 110mm 的高度处。如图 6-3-5 所示，通过选择项目树中"G 代码偏置"，在下部配置区的偏置名处选择"工作偏置"，设置寄存器号为"54"（即 G54），然后单击右侧"添加"按钮，选择从"组件"→"Tool"（刀具）的零点，到"组件"→"C"，然后在下方"调整到位置"中输入"0，0，110"即可，重置模型后在工作区单击右键选"显示所有轴"→"加工坐标原点"即可显示出工件原点的位置。若拟用 RTCP 模式程序仿真，还应在 G 代码偏置下添加"RPCP 旋转点偏置"的设置项，然后选择从"组件"→"C"，到"组件"→"Stock"（工件 STL 模型的构建零点在 φ200mm 圆柱的下端面中心）。

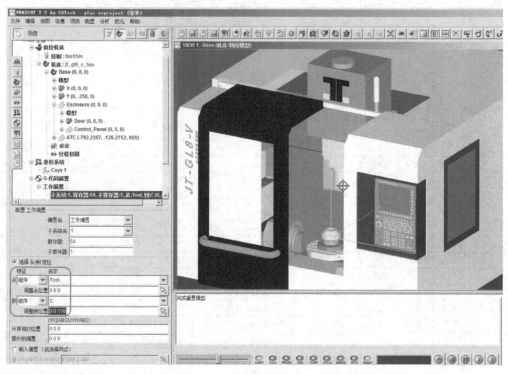

图 6-3-5　对刀与程序零点的确定

3. NC 程序的仿真加工检查与调试

在上述仿真环境构建完成后，可在 VERICUT 中调入由 Cimatron 按前述针对该机床系统设置过的后置参数设定，且 AC 双摆台轴间 Z 向偏置的可变参数应确认为−110mm，由此而获得该零件加工用非 RTCP 程序或 RTCP 程序，然后实施仿真加工检查，检查内容包括：

（1）程序语法检查　包括程序句法格式、不支持的代码、错码缺字等问题。

（2）刀路工艺检查　包括 A、C 轴旋向，A、C 轴定向的角度方位，各刀具的起始走刀位置等是否合适；是否有干涉碰撞的状况发生；各刀具的进给路线是否正确；工步顺序是否合理等。由于已经在 CAM 内进行过刀路仿真检查，在此主要检查 A、C 轴旋向及角度方位，由各刀具坐标系构建的程序头所确立的起始进给位置是否正确，更主要的是检查刀夹系统间的提刀干涉与碰撞等。

（3）机械干涉检查 包括因工件装夹位置不合适、刀长选择及悬伸不够、坐标原点选择不合理等引起的刀柄与夹具、机床运动组件与夹具之间的干涉碰撞等，还需特别关注 A、C 轴摆转行程极限警示及其可能产生的干涉。

（4）加工精度检查 可通过与真实实体或最终零件的 STL 模型实施比对，分析并检查过切量、欠切量。

以上检查内容中，语法格式及其干涉碰撞等均可在信息区参照提示信息逐项检查并纠正，干涉碰撞也能从仿真过程中模型间的红色凸显现象中了解到，其他 A、C 轴旋向，起始位置，具体刀路轨迹等，则应根据加工结果比对做出分析和判断。

图 6-3-6 所示是 VERICUT 仿真加工调试结果。

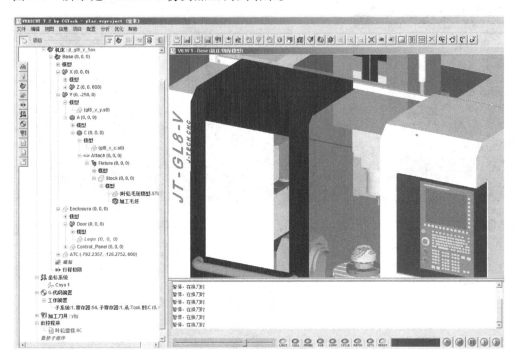

图 6-3-6 VERICUT 仿真加工调试结果

三、干涉碰撞检查及其调整策略

在五轴加工中，许多用户往往会加大刀具装夹后的悬伸长度而减小装夹段长度，或选用细长的刀柄、制作加长杆或采用非标的锥拔铣刀等方法，来提高不产生刀具干涉碰撞的安全系数，这在很大程度上降低了刀具系统的刚性，难以提升切削效率。使用 VERICUT 软件，按现场实际结构尺寸绘制出夹具附件及毛坯后，可很方便地选用不同规格的标准刀柄，任意改变刀具悬伸长度，在启动干涉碰撞检查的情形下执行加工程序的仿真，从而帮助用户找到不发生干涉碰撞的刀具最小悬伸长度及足够高刚性的刀柄规格，为高效切削提供借鉴，同时也可指导用户修改和调整夹具及其装夹方案，避免干涉碰撞的产生。

针对以上为含叶轮特征零件综合加工所准备的刀路程序及选用的刀具系统，在未启用碰撞检测的状态下其仿真加工的结果基本符合设计预期，并未出现刀具过切及 G00 撞刀的警示，说明刀路设计和后置处理基本无误。但启用主轴刀具系统和 Y 组件间的碰撞检测后，重新实施仿真检查发现，在用 ϕ10mm 的平底铣刀和 ϕ10mm 的球刀分别进行叶轮槽右侧面的粗、精加工时，其主轴和刀柄前端有与工件上 R138.5mm 外弧面碰撞干涉的现象，如图 6-3-7所示。为此，先尝试将这两把刀具所用的夹持端为 ϕ42mm 的 BT40 刀柄更换为 ϕ28mm 的规格后再试，但即使如此，依然存在碰撞干涉，仍需将 ϕ10mm 平底铣刀夹持后的悬伸长度从 50mm 加长到至少 61mm，将 ϕ10mm 球刀的悬伸长度加长到至少 68mm，方可在允许的 0.5mm 临界间隙下不出现碰撞干涉现象。由此可知，这两把刀具夹持后的悬伸长度最小应分别为 61mm 和 68mm，其刀具总长应保证有足够的夹持长度而相应加长，否则，需重新进行刀路规划及刀轴控制设计的调整。

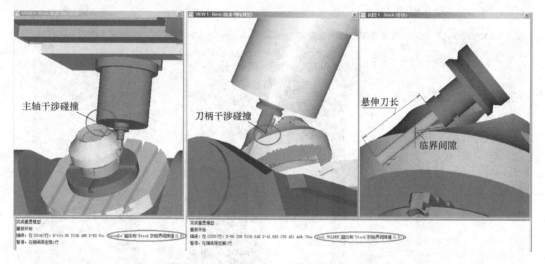

图 6-3-7　基于干涉碰撞的悬伸刀长调整

单元四　含叶轮特征零件的五轴综合加工实践

一、工件及刀具的装夹与调整

为减少零件在五轴机床上加工的工作量，该叶轮特征零件的毛坯可按图 6-3-3a 所示准备，除车制 ϕ50mm 夹持阶台外，其外侧 R138.5mm 的弧形成形表面也由车削加工得到，且顶部需预切出 ϕ78.5mm、深 11mm 的内阶台。

由于坯件为阶台回转特征，拟用自定心卡盘装夹固定，自定心卡盘安装在 C 轴转台中心。若拟用非 RTCP 程序输出，应通过打表调整自定心卡盘到与 C 轴同心，然后用螺栓紧固在 C 轴转台上，并用高度尺或通过 Z 向对刀找正方法测量并记录卡爪顶面至 C 轴转台上表面之间的高度距离 H，为非 RTCP 程序输出提供偏置值用于数据计算，采用 RTCP 程序输出时则用于机床 A、C 轴间 Z 向偏置参数设置；坯件以 ϕ200mm 圆柱阶台的下端面紧贴卡爪顶面，由卡爪对下方 ϕ50mm 的柱面实施自定心夹紧，其装夹固定方式如图 6-3-3b 所示。

若拟用 RTCP 程序输出，工件在 AC 转台上的装夹位置可不严格要求，其 NC 输出数据计算与偏置值无关，RTCP 补偿由机床系统根据参数设置中的偏置数据实时计算。

加工该零件需准备六把刀具，分别为 ϕ10mm 立铣刀（T1）、ϕ8R2mm 的圆鼻铣刀（T2）、ϕ5mm 的钻头（T3）、SR1mm 的球刀（T4）、ϕ3mm 的键槽铣刀（T5）、ϕ10mm 的球刀（T6）。按照 JT-GL8-V 五轴机床的主轴规格，选用标准 BT40 刀柄以及与刀具直径大小相适应的弹性筒夹。根据 VERICUT 干涉碰撞检查后的调整方案，T1、T6 刀具必须采用夹持端为 ϕ28mm 的规格，T1 刀具夹持后需保留不小于 61mm 的长度，T6 刀具夹持后需保留不小于 68mm 的长度，其余刀具可按图 6-4-1 所示尺寸规格选用和装夹，然后按对应刀号预装到机床刀库中。

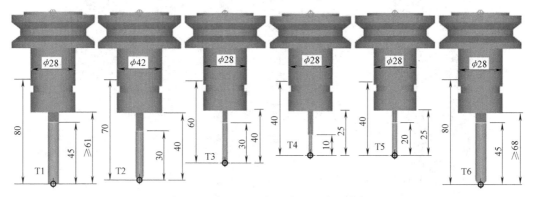

图 6-4-1　加工用刀柄及各刀具主要数据

二、对刀找正与刀补设置

对该含叶轮特征零件的五轴综合加工而言，其刀路定义时编程零点在 ϕ200mm 圆柱下端面的中心，装夹时该端面紧贴卡爪顶面，由卡爪对下方 ϕ50mm 的柱面实施自定心夹紧，因此机床上工件零点就在自定心卡盘卡爪顶面的回转中心处。由于原始毛坯为回转体，因此对刀时只需在 A、C 轴均处于零位（水平放置）时像三轴铣床那样进行 X、Y、Z 的找正。

1. 工件零点 X、Y 的对刀找正

1）若已通过项目二第四单元所述标定方法找出 A、C 交汇中心相对机床参考点的 $X0$、$Y0$ 值，且自定心卡盘已按非 RTCP 编程要求做过与 C 轴同心的打表找正调整操作，则可直接在工件零点 G54 中设置 $X0$、$Y0$ 值。

2）若没有这些已知数据，可现场使用电子寻边器找毛坯对称中心。如图 6-4-2 所示，先后移动对刀工具到工件 ϕ200mm 柱面正对的两侧表面，记录下对应的 $X1$、$X2$、$Y1$、$Y2$ 机床坐标值，则对称中心在机床坐标系中的坐标应是 $[(X1+X2)/2，(Y1+Y2)/2]$。这一操作可在图 6-4-3 的设置界面中进行，当定位到左右侧表面时分别按"记录 A"和"记录 B"软键，然后移动 G54 的光标至 X 处，再按"分中"软键即可自动完成 G54 工件零点的"X"坐标设置；同理，当定位到前后侧表面时，分别按"记录 A"和"记录 B"软键，然后移动 G54 的光标至 Y 处，再按"分中"软键即可自动完成 G54 工件零点的 Y 坐标设置。

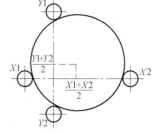

图 6-4-2　工件零点的找正

2. 工件零点 A、C 的对刀找正

对于该含叶轮特征零件而言，其毛坯为回转体，所有具有角度相对位置关系的加工内容

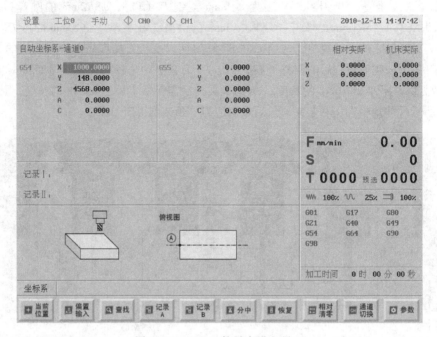

图 6-4-3　G54 工件零点设置界面

均在一次装夹下完成，其 *A* 轴方向零角度位置即为 *AC* 转台水平放置时的位置，*C* 轴方向的零角度位置可选在任意位置，因此，G54 中 *A*、*C* 均可设为"0"。

对于已进行过非回转结构特征预加工的半成品毛坯，由于其旋转轴加工的内容与其他已成形部件间有相对位置关系要求，因此其 *A*、*C* 轴零位在毛坯装夹时就必须打表找正，或通过夹具保持对应的角度位置关系。若零件以任意角度装夹，则必须旋动工件，找到旋转方向的对刀基准面，将其绝对机械角度设置到 G54 ~ G59 的 *A*、*C* 轴地址寄存器中。一般地，单件加工时直接找正零件的各旋转轴零位，批量加工时因零件相对夹具已有定位元件保证其位置关系，因此通常找正夹具的零位即可。如图 6-4-4 所示，以 *C* 轴为例，其零位可通过对与加工部位具有固定位置关系的结构特征进行碰边、分中、打表等铣削加工常用找正方法实现，刀路和程序也应以这些结构特征位置为 *C* 轴进行零位编制。

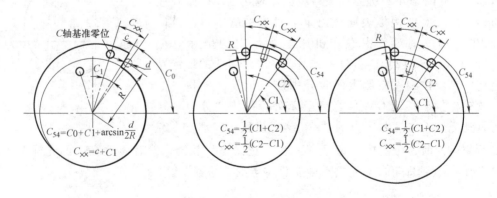

图 6-4-4　*C* 轴零位的对刀找正

3. Z 向对刀与刀长补偿设定

Z 向对刀包括设定工件零点 G54 的 Z 坐标数据及各刀具的刀长补偿数据，可采用标准高度为 50mm 的 Z 向对刀设定器辅助操作。

1）Z 向若拟用 C 转台上表面为刀长补偿测量基准，则必须考虑卡爪顶面至 C 转台上表面的距离 H，该值应作为 A、C 轴间 Z 向偏置矢量数据组成之一，和 C 转台上表面至 A 轴线间的 Z 向偏置矢量 Z_f 求和后，作为非 RTCP 程序输出前的 Z 向偏置距离，用于预补偿的计算。采用 RTCP 编程控制方式时，可将矢量和 Z_f 数据设置到机床 A、C 轴 Z 向偏置参数中；或将 H 值与 Z 向对刀设定器的高度矢量求和后，设置到 G54 的 Z 数据项中。

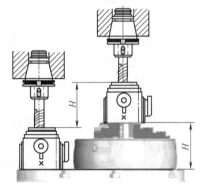

H 值的测定如图 6-4-5 所示，可先将 Z 向对刀设定器放置在卡爪顶面处，当某刀具极限接触 Z 轴设定器至灯亮灯熄时，将 Z 坐标相对清零，然后将 Z 向对刀设定器放置在 C 转台上表面处，移动同一刀具至极限接触 Z 轴设定器，则此时屏幕显示的 Z 向相对坐标数据即为 H 值（负值）。

图 6-4-5　H 值的测定

以 ϕ200mm 圆柱下端面的中心（即卡爪顶面中心）为编程零点，使用非 RTCP 编程控制方式，CAM 后置的 Z 偏置按 $H+Z_f$ 设置，G54 的 Z 坐标数据则应设为 -50mm；使用 RTCP 编程控制方式时，G54 的 Z 坐标数据设为 $H-50$mm，则机床系统中 A、C 轴间 Z 向偏置参数按 Z_f 设置即可，若 G54 的 Z 坐标数据设为 -50mm，则机床系统中 A、C 轴间 Z 向偏置参数应按 $H+Z_f$ 设置。

2）Z 向以卡爪上表面为对刀基准面时，多把刀具的 Z 轴对刀操作即刀长补偿数据的测定，可按图 6-4-6 所示，在机床上通过 Z 轴设定器来实现。分别用每把刀具的底刃接触 Z 轴设定器至灯亮，然后逐步减小微调量到"×1"档，使得 Z 轴设定器在灯亮/灯熄的分界位置时，按操作面板上的"刀补"键使系统显示切换为图 6-4-7 所示的刀补设置界面，将光标移至对应刀号所在数据区，按"当前位置"软键，系统将自动把当前刀具在机床坐标系中的绝对 Z 值坐标设置到刀长补偿数据处，由此依次完成各刀具刀长补偿的设定。

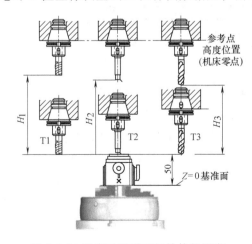

图 6-4-6　机内对刀时刀长补偿的测定

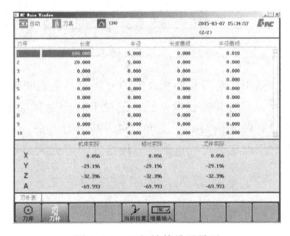

图 6-4-7　刀长补偿设置界面

3）以某一把刀具为基准刀具的对刀及相对刀长补偿设置。如图 6-4-8 所示，可将多把刀具中的某一把刀具作为基准刀具（如 T01），当该刀具与 Z 向对刀设定器极限接触时，在图 6-4-9 所示 G54 工件零点设置界面中将光标定位到 Z 上，按"当前位置"软键，在提示区显示"是否将当前位置设为选中工件坐标系零点？（Y/N）"时按"Y"键，即可自动将当前 Z 坐标数据设为 G54 的 Z 值。接着按"位置偏置"软键后输入数值"–50"，则 G54 的 Z 坐标值将再下移计算至 Z 向对刀设定器下表面，以此作为 G54 的 Z 设置值，该基准刀具的 H01 应设为 0。然后，将该刀具在当前位置（对刀极限接触位置）的 Z 坐标数据相对清零，此位置即设为 Z 轴相对零点，则当其他刀具分别碰触 Z 向设定器时的相对 Z 坐标即为各刀具的长短差距，将这些相对 Z 坐标数据预置到对应的刀长补偿地 H×× 中即可。

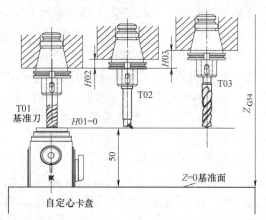

图 6-4-8　相对基准刀的刀长补偿设定

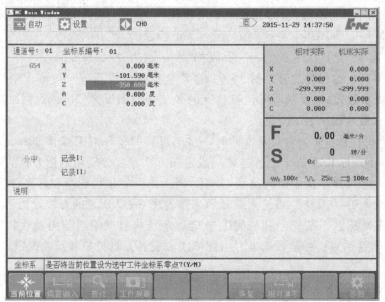

图 6-4-9　基准刀 Z 向 G54 零点的设置

使用相对刀长补偿设定的方法也可先在机床外利用刀具预调仪精确测量每把刀具相对于基准刀具的 Z 向长度差距，记录下来作为对应的刀长补偿数据，这样在机床上只需要对基准刀具做 Z 向对刀并设定 G54，基准刀具的刀长补偿值设为"0"，其他刀具刀长补偿按记录数据设定即可。这种对刀设定方法可大大节省机内对刀的占机时间，从而提高生产效率。

三、程序载入、校验与试切加工

1. 外部零件加工程序的载入

置运行模式为"自动"后，由 CAM 生成的含叶轮特征零件加工程序可通过 U 盘或 CF

卡复制转存到系统中加载运行，也可以外部程序的形式直接加载运行，或通过 NET 网络方式从服务器远程接收加工代码，边传输边加工。

当外部程序载入运行时，插入 U 盘或 CF 卡后，移动光标选择 U 盘后确认并找到程序文件所在文件夹，右侧即显示对应的加工程序列表（见图 6-4-10），选择待加工的 NC 程序文件后按"Enter"键即可，系统在载入程序的同时对其进行语法检查。

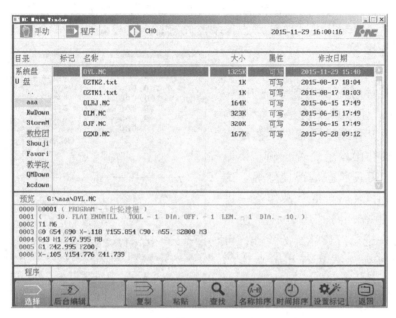

图 6-4-10　外部程序文件的载入

2. 机床五轴参数的检查确认

若拟用 RTCP 程序控制方式，运行前必须对机床参数中与 RTCP 相关的五轴参数进行检查确认。

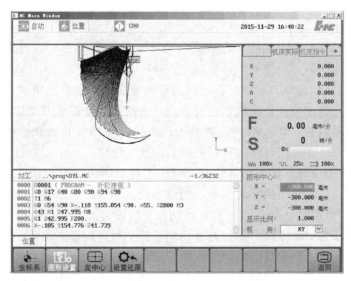

图 6-4-11　轨迹图形显示参数的设置

3. 加工程序的校验检查

NC 程序载入并通过语法检查后，即可进行程序运行的校验检查。当要进行刀路轨迹图形的检查时，需要在位置显示界面下按"图形"软键，进入图 6-4-11 所示界面后按"图形设置"软键，进行图形查看的参数设置，包括图形中心位置（通常按 G54 工件零点位置进行设置）、显示比例及视角等。

设置好图形显示参数后，在自动运行模式下，按屏幕菜单下的"校验"软键后再按操作面板上的"循环启动"键，即可开始程序校验运行。在校验运行模式下，机械部件并不产生实际的移动。

4. 刀具系统的检查

由于加工零件时需要用到多把刀具，因此加工前必须对刀具系统进行检查确认，包括刀库中刀具序号是否与工艺和程序相一致、刀具补偿设置是否正确、换刀动作是否正常、刀具状态是否良好等。这可通过 MDI 执行 T××M6 指令操作逐一进行自动换刀的检查，同时还有必要使用 G43H××Z×× 逐一进行刀长补偿的检查，可参考图 6-4-12 所示输入执行相关功能的 MDI 程序。

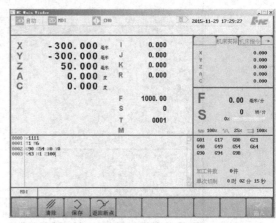

图 6-4-12 自动换刀及刀长补偿的检查

5. 加工程序的运动状况检查

在校验检查无误后，可进行机械移动的运动状况检查。此时，可先按操作面板上的"Z轴锁""空运行"键后，在 Z 轴锁定的状态下按"循环启动"键以"自动"方式快速执行整个程序，或以"单段"方式逐行执行程序，能一定程度地检查除 Z 轴外其他各轴的运行情况，包括旋转轴旋转方向、旋转轴定向方位、X/Y 轴定位位置等是否正确，以及超程的可能性等。

6. 零件加工的试切运行

在上述检查通过后，必须解除"Z轴锁"和"空运行"状态，方可进行零件加工的试切运行。运行时应注意如下操作要点：

1) 在每把刀具试切运行时，宜先将快进及进给速度设为最小，用"单段"执行的方法运行程序，参照工艺顺序检查各旋转轴摆转运动状态及方位是否与刀路仿真一致，及时观察每把刀具的下刀高度位置、切入进刀位置是否正常，确保刀长补偿和工件坐标系等设置正确，待正常切入后方可连续正常地运行每把刀具的加工程序。

2) 在切削过程中应根据机床切削状况及时使用修调旋钮调节主轴转速、进给速度，以保证切削状态最佳，同时记录最佳状态下的切削参数。

3) 试切运行前应将"选择暂停"按钮或功能选项设置为有效，确保在每把刀具换刀前机床系统处于暂停状态，以方便对每把刀具切削后的结果进行检测，由此判定其结果是否符合刀路设计的预期。按工艺卡片给定的深度数据检测当前刀具的背吃刀量，若存在偏差应记录，并按工艺要求调整刀长补偿设置，同时对径向加工尺寸，特别是已精加工到位的尺寸进行检测并记录，以便及时发现工艺问题，或在加工完成出现问题时能方便地追踪到问题工步所在。

4）若本工步检测正常，可按"循环启动"键继续更换下一把刀具，并单步运行监控该刀具的运行状况。

5）若发现某刀具运行位置不正确或程序运行中有撞刀的可能，应按"进给保持"或"急停"按钮及时中止，查对问题发生的原因，分析确定解决问题的策略。

6）细致观察切削走刀轨迹的执行情况，特别关注各部位分层切削时余量分布不均匀的情形，以便于实现后续刀路设计的改进和优化。

思考与练习题

1. 本项目含叶轮特征零件的五轴综合加工中有哪些特征结构需用到五轴加工？各涉及哪些五轴加工方法？

2. 说出在 Cimatron 中进行五轴钻孔刀路设计的大致方法和步骤。五轴钻孔和五轴定向钻孔在刀路设计操作方法上有什么不同？各适用于加工什么类型的孔？

3. 五轴定向加工和四轴定向加工一样需先构建刀具平面，由此确立刀轴角度方位，但五轴钻孔刀路设计时并没有预先构建刀具平面，其刀轴平面是如何确定的？

4. Cimatron 中五轴曲线加工可通过哪些刀路形式实现？字线刻铣时，采用五轴定向方式下的曲线投影加工和五轴曲面曲线加工在实现方式上有何区别？其刻铣深度如何设定？

5. 五轴曲面曲线加工时其刀轴控制方式有哪些？各控制方式对控制要素的选择或构建有什么要求？

6. 含叶轮特征零件中的弧面方形环槽在五轴综合加工时可采用哪几种刀路方法实现？这几种方法的实现形式、适用对象及实现效果有何不同？

7. 含叶轮特征零件的五轴加工有哪些实现方式？一个叶轮槽从粗切到精修大致可采用什么样的刀路设计思路？Cimatron 的叶轮加工专家模板中是否具有仅用一次定义就能完成单个叶轮槽全部加工内容的刀路形式？

8. 叶轮槽左右侧表面采用"平行到曲面"五轴刀路定义时，应以哪个表面为加工面，以哪个表面为确定平行关系的参考曲面？其刀轴控制该如何设定？

9. 叶轮槽槽底曲面可采用哪种五轴刀路定义方式？其控制边界如何构建？刀轴控制的串连参考线应如何构建？如何设定刀轴控制参数方可防止其与左右两侧曲面间的干涉？

10. 加工叶轮时，在一个叶轮单槽刀路定义完成后，如何获得其余均布叶轮槽加工的刀路？是将一个单槽粗精加工全部完成后再分别加工其他槽，还是先后完成各槽的粗切加工后再进行各槽及叶片环绕的精修加工？其在刀路转换的次序上分别应如何控制？

11. Cimatron 五轴加工 NC 程序输出的后置处理文档结构与 3～4 轴后置有何区别？其设置方法有何不同？

12. Cimatron 五轴后置设置中影响 NC 程序输出的关键参数有哪些？旋转轴的法向平面、零角度方位及正旋转方向分别应如何设定？请根据自用五轴机床结构类型进行解析说明。

13. Cimatron 中双摆台五轴机床第四、五轴的轴间偏置数据可分别在后置文档中设定或通过刀路定义在前台设定，哪种方式更方便灵活？为什么？如何实现基于前台的轴间偏置数据设置？

14. Cimatron 中双摆头五轴机床需进行哪些后置相关基本参数的设置？其摆长数据如何给定？程序控制点用刀尖点和枢轴中心点时其输出的 NC 程序数据有何不同？

15. 使用 VERICUT 实施五轴加工的仿真验证主要是进行哪些内容的检查？五轴加工的优势之一就是使用更短的刀具进行更有效率的精确加工，如何利用 VERICUT 实现这一目标？

16. Cimatron 中的实体模型切削仿真、基于五轴机床模型的切削仿真和 VERICUT 的切削仿真，三者的性质有什么不同？各自仿真检查的适用性如何？

17. HNC-848M 数控系统与发那科系统在 NC 程序的格式上主要有哪些不同？在五轴加工 NC 程序编制方面又有哪些区别？

18. 五轴机床在操作上与三轴机床相比有哪些区别？针对含叶轮特征零件的五轴综合加工，该如何进行对刀操作？在刀路设计、程序零点及 NC 输出之间应有哪些对应关系？

19. 针对多个叶片的叶轮零件加工，若在 CAM 中只输出单个叶轮槽粗精加工的 NC 程序，能否利用机床系统的功能进行多个叶轮槽特征的加工？如何实现？

20. 说出使用 HNC-848 数控系统的 JT-GL8-V 机床实施零件五轴加工的大致工作过程，并适当解释其操控过程中的技术要点。

参 考 文 献

[1] 陈吉红. 数控机床现代加工工艺 [M]. 武汉：华中科技大学出版社，2009.

[2] 宋放之. 数控机床多轴加工技术实用教程 [M]. 北京：清华大学出版社，2010.

[3] 李海霞，等. VERICUT 7.2 数控加工仿真技术培训教程 [M]. 北京：清华大学出版社，2013.

[4] 詹华西. 数控加工与编程 [M]. 3 版. 西安：西安电子科技大学出版社，2014.

[5] 詹华西. 多轴加工与仿真 [M]. 西安：西安电子科技大学出版社，2015.

[6] 华中数控股份有限公司. 华中 8 型数控系统软件用户说明书 [Z]. 武汉：华中数控股份有限公司，2013.

[7] Cimatron China 教育培训中心. Cimatron E 中文培训手册 [Z]. 北京：思美创科技有限公司，2012.

[8] 福建嘉泰数控机械有限公司. JT-GL8-V 五轴加工中心使用说明书 [Z]. 泉州：福建嘉泰集团，2014.

[9] 西门子股份公司. SINUMERIK 810D/840D 刀具和模具制造手册 [Z]. Siemens AG，2004.

[10] 梁钺. 五轴联动数控机床技术现状与发展趋势 [J]. 机械制造，2010（1）：5-7.

[11] 林胜. 5 轴数控机床发展与应用 [J]. 航空精密制造技术，2005，41（4）：1-6.

[12] 董一巍. 未来机床发展走向及热点技术浅谈 [J]. 航空制造技术，2015（5）：34-39.

多轴加工技术（五轴联动加工中心操作与基础编程）网络课程资源列表

序	项目	单元	资源名称	链接地址(外发)	QR 码
1	1. 绪论		多轴数控加工职业技能等级标准.pdf	https://zjy2.icve.com.cn/teacher/ecmDoc/sharingFile.html?docId=d4knab6uk7zb7k9phka1og	
2			课程教学标准.doc	https://zjy2.icve.com.cn/teacher/ecmDoc/sharingFile.html?docId=7q2nab6ua4dkmkc4jdlcla	
3		了解多轴机床及多轴加工零件	多轴机床与多轴加工类别.ppt	https://zjy2.icve.com.cn/teacher/ecmDoc/sharingFile.html?docId=zyrxar2uurpeqhetiuza4g	
4			多轴加工机床及多轴加工方法.mp4	https://zjy2.icve.com.cn/teacher/ecmDoc/sharingFile.html?docId=enzxar2uv5nffa11lyrbea	
5			基于特征结构多轴加工的实现.ppt	https://zjy2.icve.com.cn/teacher/ecmDoc/sharingFile.html?docId=zyrxar2uqplavthpif6sda	
6	2. 多轴加工技术基础	认知多轴加工工艺方法	多轴工艺基础.mp4	https://zjy2.icve.com.cn/teacher/ecmDoc/sharingFile.html?docId=zrcpab6ul7rjgkv0kgueta	
7			多轴加工工艺设计.ppt	https://zjy2.icve.com.cn/teacher/ecmDoc/sharingFile.html?docId=9n1xar2ugy5mhwndlc3ba	
8			多轴与高速加工刀具应用.ppt	https://zjy2.icve.com.cn/teacher/ecmDoc/sharingFile.html?docId=oporab6u2jtpoftskr60ha	
9			多轴加工工艺特点.ppt	https://zjy2.icve.com.cn/teacher/ecmDoc/sharingFile.html?docId=9n1xar2uqjxpow6vaxkcua	

（续）

序	项目	单元	资源名称	链接地址（外发）	QR 码
10	2. 多轴加工技术基础	多轴加工的技术支持	五轴加工相关技术支持 .ppt	https://zjy2. icve. com. cn/teacher/ecmDoc/sharingFile. html? docId = jrwwab6ukqrhilcoxj4w2a	
11		五轴加工应用与发展			
12	3. 多轴编程与机床操作基础	多轴加工的编程规则	多轴加工的基础编程 .ppt	https://zjy2.icve.com.cn/teacher/ecmDoc/sharingFile.html? docId = vsw2ab6urlzjybba5jfx6g	
13		多轴加工的手工编程	多轴加工手工编程示例 .ppt	https://zjy2. icve. com. cn/teacher/ecmDoc/sharingFile. html? docId = 7q3ab6ucblojfjlhrmp1w	
14			五轴点位加工编程 .mp4	https://zjy2. icve. com. cn/teacher/ecmDoc/sharingFile. html? docId = 1f7ab6usyxopeg12yit3g	
15		多轴加工的CAM编程	多轴加工CAM编程基础 .ppt	https://zjy2. icve. com. cn/teacher/ecmDoc/sharingFile. html? docId = qia3ab6urjzokigftdpea	
16			调焦筒四轴加工刀路设计 .mp4	https://zjy2. icve. com. cn/teacher/ecmDoc/sharingFile. html? docId = 97lcab6u6k5ownabaosvbq	
17		五轴机床的基本操作	五轴加工中心的操作基础 .ppt	https://zjy2. icve. com. cn/teacher/ecmDoc/sharingFile. html? docId = iwvbab6u74ncq9oggcditq	
18			机床 RTCP 功能控制的参数设置 .ppt	https://zjy2. icve. com. cn/teacher/ecmDoc/sharingFile. html? docId = d6y9ab6ugiblk1uzcelog	
19	4. VERICUT多轴加工仿真	VERICUT软件用法	VERICUT软件的基本用法 .ppt	https://zjy2. icve. com. cn/teacher/ecmDoc/sharingFile. html? docId = bbreab6uh4ddldakrc4pug	

（续）

序	项目	单元	资源名称	链接地址（外发）	QR 码
20	4. VERICUT 多轴加工仿真	VERCIUT 多轴仿真技术	VERCIUT 多轴仿真技术.ppt	https://zjy2.icve.com.cn/teacher/ecmDoc/sharingFile.html?docId=rkzeab6uoaxbvyyxxhohrw	
21			调焦筒四轴线廓加工.mp4	https://zjy2.icve.com.cn/teacher/ecmDoc/sharingFile.html?docId=pytfab6umrzfpwlfvsgsa	
22	5. 箱体零件五轴定向加工的工作案例	箱体零件分析与编程	箱体零件图样分析与基本编程.ppt	https://zjy2.icve.com.cn/teacher/ecmDoc/sharingFile.html?docId=nux9ab6u2i5ltnvj2khddg	
23		箱体定向加工的 CAM 刀路设计	箱体零件定向加工刀路设计.ppt	https://zjy2.icve.com.cn/teacher/ecmDoc/sharingFile.html?docId=slpqab6u07zdouq8l30nag	
24		五轴后置输出与加工仿真调试	五轴后置处理技术.ppt	https://zjy2.icve.com.cn/teacher/ecmDoc/sharingFile.html?docId=bxpqab6uztgkptfvanqca	
25			五轴 RTCP 编程控制及应用.ppt	https://zjy2.icve.com.cn/teacher/ecmDoc/sharingFile.html?docId=sajaab6uk7xdmw6hh5krqg	
26	6. 叶轮五轴联动加工的工作案例	叶轮图样的几何建模	叶轮图样的几何建模.ppt	https://zjy2.icve.com.cn/teacher/ecmDoc/sharingFile.html?docId=r1xmab6uir1hnvy1vwebng	
27		叶轮零件五轴加工的刀路设计	叶轮零件五轴加工的刀路设计.ppt	https://zjy2.icve.com.cn/teacher/ecmDoc/sharingFile.html?docId=qnhmab6ukpfmas5ktouhig	
28		基于 NC 的叶轮加工仿真调试	叶轮五轴加工.mp4	https://zjy2.icve.com.cn/teacher/ecmDoc/sharingFile.html?docId=r5liab6u5j1oycm1trtmjw	
	题库			https://zjy2.icve.com.cn/expertCenter/question/question.html?courseOpenId=hfqar2unqjk9srqtfczwa&tokenId=du3vabu7lrkmy1ntnmpxw	

（续）

序	项目	单元	资源名称	链接地址（外发）	QR 码
	作业练习			https://zjy2.icve.com.cn/expertCenter/homework/homework.html?courseOpenId=hfqar2unqjk9srqtfczwa&tokenId=du3vabu7lrkmy1ntnmpxw	

课程网站链接 https：//zjy2. icve. com. cn/expertCenter/process/edit. html？

courseOpenId = hfqar2unqjk9srqtfczwa&tokenId = du3vabu7lrkmy1ntnmpxw